Die Irrtümer der Komplexität

Warum wir ein neues
Management brauchen

複雜應變力

擺脫九大決策陷阱，
改變思維，刷新管理與領導模式

史蒂芬妮・伯格特
Stephanie Borgert —— 著
壽雯超 —— 譯

目錄

閱讀指南

為何要寫這本書？

某金融服務公司市場部主管、公司代表還有我，我們三人正圍坐在會議桌邊討論教練流程的相關細節。還沒進入正題，就談到了我最感興趣的話題——複雜性（complexity），對此大家就自己的經驗和認識各抒己見。市場部主管問我，要在一個錯綜複雜的組織中實現成功的管理，最重要的因素是什麼？我稍作解釋，其中牽涉到了不透明性、自組織和簡化等概念。主管靜靜聽了一會兒後深深地吸了一口氣，告訴我：「柏格特女士，這聽起來很不錯，卻不適合我們。或許它在剛起步的小公司行得通，但是對於擁有數千員工的康采恩集團（Konzern，編按：是一種通過由母公司對獨立企業進行持股而達到實際支配作用的壟斷企業形態）並不管用，也完全不適合我們的員工。」

「又來了，」我暗自思忖，「人們在面對複雜性時總是這種奇特態度。」每個人都知道，也經歷過，有些人甚至能清楚地描述，但幾乎所有人都避之唯恐不及。他們下意識地認為，似乎只有當一個組織充分地自我調整和梳理後，才能應對當今世界中越來越顯著的複雜性。「關係網絡」、「自組織」、「不可預見性」，諸如此類的概念顯得太廣泛、太特別又太陌生了。

除了機構組織的彈性外，複雜性是我作為企業培訓師和演說家工作中的另一個主要課題。近年來我不止一次地意識到，人們對於複雜性的瞭解是多麼匱乏，而這並不是因為管理者不夠聰明。縱觀一般的管理培訓，不難發現其中幾乎都沒有涉及複雜性，或是非常簡略地帶過，而線性方法論和因果思維依然是培訓的主要內容。這就導致在錯綜複雜的情境中出現了種種誤解和錯誤。反映在個人層面，管理者或領導者就會感到力所不及或源源不斷的壓力。

現在讓我們回到開頭的會議桌上來吧！正是在這樣的情況下我決定寫這本書，希望將近些年來常常遇到對於複雜性的誤解轉化為認識，並解開疑惑。我想藉由這本書鼓勵和傳達以下理念：有時，即使微小的改變也能促成巨大的成功。同時我也希望能揭開複雜性的神秘面紗，讓讀者瞭解複雜性在我們的組織和團隊中意味著什麼，且應該如何處理和應對。

這本書是為所有管理者和領導者而寫的，因為這是一個與他們休戚與共的話題。但鑑於不是所有人都願意重新改變自己的思維方式，所以接下來我會說明，這本書適合或不適合哪些讀者。

你將讀到什麼？

本書將用輕鬆而嚴謹的方式探討關於複雜性的幾大誤解，分析這些「陷阱」產生的原因，以及人們為何對此束手無策。這些誤解通常源於個人的觀念、性格、價值觀和經驗，對此書中將深入地探究。其實在每個誤解中，都有正確應對複雜性的方法，我將會在接下來的章節中具體介紹。當然，並不是每一個「陷阱」都是由複雜性導致的，但在複雜情境中，複雜性的影響力明顯高於線性因果關係。由於我們探討的這個主題本身就註定是錯綜複雜的，因此你無法找到與書中案例百分之百吻合的情況，所有的方法都需要在運用中加以轉化。希望這本書能鼓勵你去反思，獲取新的觀點，帶給你柳暗花明又一村的體驗和樂趣。

你讀不到什麼？

這本書不是一本簡單的問答書，你在這裡無法找到「如果這樣做，就會……」式的快速見效的法則和菜單式的解決方案。複雜性問題都是非線性、非透明的，且不斷變化中，面對各種錯綜複雜的狀況和問題，本書無法簡單給出一個最佳的實際解決方案。這是視具體情境而定的問題，這點我將會在書中多次提及。

如何讀？

本書將在每個章節針對一個具體的「陷阱」展開分析，以減少內容交叉重複。如果你還是對其他章節解釋過的某些概念感到困惑，可以參閱附錄後的術語表，其中羅列了書中所有的重要概念。

第一章引入了複雜性這一概念，同時闡述了它的幾個關鍵點，如變化性、不透明性和自組織等。接下來的章節討論在管理中常見的九個「陷阱」。最後一章將總結成功應對複雜性的重要能力和態度。讀完這本書，你將瞭解作為管理者或領導者如何從整體來克服複雜性，甚至藉由複雜性實現成功管理。此外，整體管理學中的重要理念在書中將以要點的形式標注。

誰適合閱讀？

這本書是寫給所有願意分析世上的複雜性，以便能夠更成功地進行決策、管理和領導的管理者和領導者的。它同樣適用於對自己的觀點、刻板印象、偏見以及陳舊的行為方式持開放態度的讀者。如果你已經準備好嘗試新想法、檢驗舊習慣並調適自己的思維和行為方式，相信你會在閱讀過程中受益良多。

誰不適合閱讀？

無論出於什麼理由，如果你沒有興趣思考複雜性的問題，我建議你可以闔上這本書了。因為邊閱讀邊思考如何去反駁書中的觀點和例子，以證明它們沒有用，將會耗費你太多精力。若你尋找的是表單式的實際解決方案，那麼你在這裡也將一無所獲。當然，如果你不想對自己和所在的組織進行徹底地反思、對既有的問題追根究柢，那麼本書也不適合你。

風險和副作用

你開始思考複雜性時，可能會時不時地感到困惑：「我現在應該如何做？」「這是怎麼進行的？」或是「難道沒有解決辦法了嗎？」當我們無法理解或不能迅速找到一個解決方案時，這種情況就會時常發生。但它也是有意義的，正是在這種狀況下，新的認識才得以產生，我們也才能開拓眼界，嘗試新的想法。我衷心希望，你會開始用新的方式思考，做新鮮的嘗試，用不同的角度觀察這個世界，帶著質疑精神，反思自我，並從中獲得樂趣。

是神話還是現實？

複雜性

不同的「病症」，同一種「癥結」

「事情總是變得亂七八糟。」

「我們在混亂中迷失了方向。」

「我們掌握的資料太少了。」

「我們無法縱覽全貌。」

「這太複雜了，必須加以簡化。」

「如何能做出這樣的計畫呢？」

「沒有資訊，不做決策。」

「這件事情我們無法處理。」

最近你是否曾在無意中說過這些話，或是聽到你的同事、上司或員工這麼說？其中不少句子一定讓你覺得耳熟吧。我在與管理者或專案團隊接觸時，就常常會聽到這些說法。諸如此類的表述還有很多，因為要形容「混亂」的狀態，有許多不同說法。當情況看起來不受控制，無法窺探全貌時，我們往往就喜歡這樣說。這也恰巧說明，工作生活中的各種困難往往源於周遭的狀況，而並非個人能力的缺乏。

這些句子彷彿魔咒一般，不時迴響在各類組織的辦公室。與此同時，我們也在試圖為頻繁出現的混亂狀況找出一個合理解釋。過去的一切都顯得更簡單平靜，而現在所有東西是如此不穩定，變化接踵而至，沒有人能將它看透，人們的壓力也不斷上升。

近幾年來，大家似乎找到了一個有力的理由——複雜性。無數的文章、書籍和論文都在探討這個所謂的現代社會病症。專案主管們宣稱，複雜性是他們在管理中最大的問題。各類研究引用了這種觀點，並在管理人員中調查研究，試圖瞭解複雜性對他們造成的挑戰有多大。人們開始思考如何能消除複雜性，或者至少能加以掌控。複雜性是一切的根源、成因、病症、問題和挑戰，甚至是終極大魔王。

複雜性是近年出現的概念，並被不加鑑別地使用。但許多研究和出版品中，對複雜性的定義、成因及應對措施卻少有說明。

工作和生活中的複雜性是如何造成的，這既不是問題也不是成因。我們無法消除或減少它，同樣它也不會自己消失不見，複雜是這個世界的常態，我們要習慣這一理念並接受這個事實。複雜性並非敵人，而是我們賴

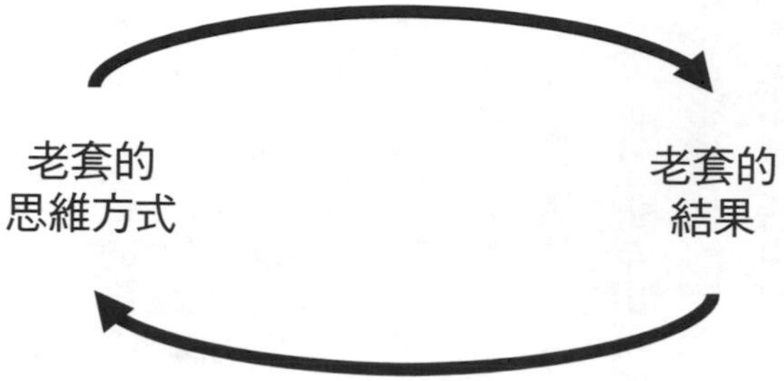

條件改變了，思維方式也需要更新

以生存和活動的舞臺，提出簡化沒有意義。問題在於：如何應對複雜性，並在複雜的環境中獲得成功。

從「我們對此無能為力，這就是系統」，到「必須研究出一種方法」，針對這個問題有五花八門的答案。把責任推到系統上，看上去簡單明瞭，但這種行為其實就像原始人當年碰到劍齒虎時裝死一樣。正是由於對確定性和簡單的渴望，人們才會致力於尋找保證確定性的方法。其實，對上述兩種解決辦法我們並不陌生。當人在挑戰中遇到新鮮或陌生的事物時，總是想回到自己熟悉的領域中去。這恰好揭露了核心問題，即複雜性問題對現代組織管理而言是龐大而又陌生的。我們對它知之甚少，對該採用怎樣的方式處理也完全沒有概念。

在諮詢工作中，我不斷遇到關於複雜性問題的各種誤解和謬論。不少管理者和領導者之所以做出了錯誤判斷，很大程度上要歸咎於他們缺乏資訊和基於實際的自我反思精神，而非管理能力的匱乏。此外，人們總是傾向於為問題或行為找到具體的原因，以證明自己瞭若指掌。在陳述時，也總喜歡用「因為……所以……」的句型，試圖將每種情況都用因果關係來解釋，這就是我在諮詢工作中經常碰到的「管理準則」。

「因果關係始終存在。」小學入學後，我們就開始接受因果式思維方式的訓練。所以我們常會說「專案無法取得突破性進展，是因為某某部門沒有貫徹好計畫」，或是「因為賈伯斯，蘋果公司才能成功」。一個原因對應一個結果，非常簡明扼要。當回顧事情的經過時就會發現，無論面對成功還是失敗，我們都會傾向於用因果關係解釋。典型的例子就是我們常說的那句「我早就料到了」一樣。在事前，我們早已對完成這個目標「胸有成竹」，比如認為只要在網路上宣傳到位，就能在短期內實現有效行銷，或是要提升成員間的默契，就要舉辦團隊活動等。

但是，無論是專案、蘋果還是團隊，其運轉都並非以線性因果關係為特徵。它們錯綜複雜，不能拆分為一環環的因果鏈，也不能簡單地直線推理。在這裡，因果關係和相互作用是兩個容易混淆的概念。一個錯綜複雜的系統是由參與方之間的相互作用構成的。為了更好地理解這個概念，我們首先要注意的就是其中的關係和相互之間的作用形式。

「人多誤事。」人們常常把一個錯綜複雜專案的失敗原因歸咎於此。參與方越多，複雜性也越高，計畫就無法順暢地進行——而這其實是謬論。一直以來，眾多的參與方從來都不是導致複雜性產生的根源，步伐統一的軍隊有很多士兵，但卻依然整齊劃一。複雜性源於參與方之間的彼此連結，即關係網絡（interconnection），因此相互作用和變化性在這裡發揮了主要作用，而人們所篤信的因果式思維則顯得有些站不住腳。在接下來的誤解中，我們還會多次討論此點。但我首先想說明的是：正是因為我們試圖在一個錯綜複雜的系統中實現線性管理而導致問題產生的。

「我們必須確保穩定。」我對那些不常改革的組織是最瞭解不過的了，它們在推進改革專案和進程時往往流於表面。在不少領導者的頭腦中，有一種觀念根深蒂固——確保穩定，是他們要實現的最重要目標之一，似乎「穩定」在一定程度上已經成了變化的對立面。試想如果我們真的這樣做了，不久之後，新的想法、解決方案和創新精神都將銷聲匿跡。如果一個複雜的系統長期置身於穩定中，那它終將喪失靈活性。我們必須要接納它，並學會如何應對不斷的變化，從員工層面而言亦然。當然，領導者要保證組織進行自我調整和恢復的時間，但這和整個系統的穩定性毫無關係。

「我們必須團結一致。」不少領導者堅信，解決錯綜複雜的問題等同於絕對的和諧與百分之百的認同。只有當所有人都同心同德，才算具備了排除萬難的條件，複雜性和「服從命令」兩者無法相互協調。這種模糊的理解導致人們走向誤解，即處理複雜的問題和狀況時需要徹底的一致性。而事實上，他們需要的是討論，一種真正意義上的討論。在這裡，確實有效地交流、提出不同意見和觀點以及發掘各種能力都是至關重要且必不可少的，因為複雜性需要的是各個層面上的多樣性。

「**自組織就是——讓它自由運轉。**」「你的團隊是自組織管理（self-organizing）嗎？」「當然了，這太棒了，我什麼都不用做。」很遺憾，這段對話並不是我虛構出來的，因為人們對於自組織的誤解幾乎不亞於複雜性。與「我什麼都不用做」相反，自組織恰恰是它的對立面。每一個複雜的系統都是自組織化的，你可以去影響、干擾甚至阻礙它的運轉，但它依然會保持自組織化。如果你是一位「不作為」的管理者或領導者，但最後卻取得了不錯的成績，那要恭喜你，你可能運氣不錯或是有其他人促成了這個結果。紀律、規則和回饋是一個成功自組織的三大基石，缺一不可。只有不斷調整發展方向，及時就回饋做出調整，一個系統才有可能確立發展目標，而不必依賴運氣。

關於複雜性有無數的定義和誤解。因此我想先詳細解釋這個概念，同時闡述複雜系統中的幾個關鍵點。在有了一些大概的認識之後，我將勾勒出一些常見「陷阱」，並加以分析。每次我們都會從個人和系統兩個層面來講述，看看這種狀況是如何產生的，而它又反映了怎樣的問題。

簡言「複雜性」

複雜性是一個新的現象嗎？答案是否定的。那我們為何要在這個時間點來探討關於複雜性的問題呢？這是因為我們越來越清楚地認識到，在一個組織中，複雜性程度的高低決定了我們決策和管理的空間。複雜系統絕非新問題，但在過去幾年乃至幾十年中，它的影響力卻在日益提升。

其中的一個重要原因就是關係網絡的日益密切。在整個社會中，尤其是在工作領域，複雜性程度爆炸式地急劇提升。網際網路、新媒體和全球化僅僅是其中的幾個關鍵字。和過去不同的是，如今我們所接觸到的各類系統都是由許多部分或參與方構成的，而它們彼此之間又高度連結。這種關係網絡帶來了自身的變化性、非線性關係和不透明性。

近幾十年，我們對這種系統理論觀點並不陌生，但在管理中卻幾乎完全忽略了。長期以來，人們都把「錯綜複雜」（complex）作為「難於處理」（complicated）的同義詞來使用，並且認為，只要準確地分析，選擇合適的方法，就能實現成功的管理——擺脫這種固有思維的第一步，就是瞭解並接受系統中的複雜性，包括任務、組織、問題和專案的複雜性。

組織、專案等錯綜複雜，因為：

- 是開放性的，與周邊環境交流資訊和資源。
- 每個參與方都根據啟發法（參見術語表）和局部資訊開展活動。
- 內部的非線性變化不時會製造「驚喜」。
- 會持續不斷地變化。
- 情況無法預估。

這五點說明了，你處在一個錯綜複雜的系統中。這裡沒有明確和最佳的解決方案，許多結構和過程都是間接顯現的。這正是我們在目前管理中所面臨的最大挑戰，即在無法保證確定性的情況下就要做出決定，在資訊、時間、材料和知識等資源有限的情況下就要做出決定。對此，許多人覺得力不從心，尤其是在混亂時或緊要關頭。

但目前我們還沒有講到，你在一個複雜的系統中應該如何實現成功管理或領導。此外，為了避免陷入「複雜陷阱」，你有必要瞭解複雜性的一些關鍵點。接下來，書中將依照系統理論，定義複雜系統的幾個關鍵點及其影響。這些概念還會在後續章節出現，就不再每次都重複解釋了，你可以參閱書末附錄中的術語表。

複雜性的關鍵點

複雜性：本書中，複雜性的定義與相關因素（參與方）的數量以及它們彼此之間的相互作用有關。複雜性程度取決於這兩者的程度。參與方越多，關係網絡越密切，複雜性程度也隨之提升。從認知角度而言，一旦複雜性達到了一定程度，那麼人們將無法全面掌握或理解這個系統。

互相依存性：當人們脫離系統中的某個部分會發生什麼？影響多大？這部分是至關重要的嗎？思考了這些問題才能理解關係網絡和相互作用。

變化性：基於關係網絡在錯綜複雜的系統中總是有著相互作用，這就導致了變化的常態。因此，一個富於變化性的系統是不以人們的決定等因素來轉移的。持續不斷地變化，就會對管理造成時間壓力。要在這樣的系統中做出正確決定，只考慮目前狀況顯然不夠，未來以及與之相關的狀況也必須考慮在內。否則，我們將只能獲得一個極其簡單的認知，而並非做出決策的基礎條件。

不透明性：我們無法完全掌控一個錯綜複雜的系統，只能接觸到其中的一些部分。而系統的其他部分及其相互作用對我們而言是模糊而陌生的。這種固有的屬性決定了計畫和決策中的不確定性，這也是我們所必須接受的。

回饋：回饋是複雜系統的核心調節機制。資訊流入系統中，其作用或增強或減弱。這時，積極的回饋達到了促進作用，而消極的回饋則達到了削弱作用。複雜系統的這一機制對很多管理者或領導者而言都是陌生的，因此它極少被加以運用。

自組織：通過參與方之間的相互作用產生了一種秩序，以及維持這種秩序的傾向。它是以系統的變化性為前提，只有當我們理解了系統中的相互作用，才能理解這種秩序，或者說模式。外部影響無法解釋這種模式是如何產生的，就像是只有在我們考慮了所有的相互作用後才能合理地解釋一個市場興起或衰落。一個系統不是由管理者或是其他的外部力量所構建，自組織是系統固有、以一定的限制（一系列規則）和變化性為基礎的。許多管理者認為，「塑造」一個自組織是他們的任務。而事實上，他們應該先停止這種做法，以免干擾自組織的正常運轉。

穩定性：如果一個系統較少波動，更確切地說，在經歷了波動之後能迅速恢復到初始狀態，我們就說它是穩定的。在這一點上表現越出色，那麼就越穩健。在系統自我變動的範圍裡，我們力求達到的最好狀態並不是穩健，因為這降低了系統的靈活性。因此在本書中，我們所說的是「變動的穩定性」。也就是說，一個系統在受到干擾的情況下還能保持完整性，但是內容上可能已經完全變化或更新。

限制：錯綜複雜的系統也是在一定框架內運轉的，並受到限制。限制作用於系統，同時系統也反作用於限制。就像是組織中的潛規則就是一種限制，每一個員工通常能很快學會，在他們的組織裡什麼行得通，什麼行不通。而人的行為也會重新對限制產生影響，並改變或者消除限制。

多樣性：多樣性即行為、交際和決策的所有可能性，它是一個系統所能涵蓋的各種可能的情況。控制論學家威廉．羅斯．阿什比（William Ross Ashby）在他的必要多樣性定律（阿什比定律）中這樣描述：（從調節角度而言）要對一個錯綜複雜的系統施加影響，人們必須使自身的複雜性與系統的相適應。複雜的系統需要複雜的應對措施，為了能夠讓自己在複雜的環境中生存下來並取得成功，各類組織首先要讓自己變得複雜。如果是管理者而非整個團隊來解決問題的話，那麼這個組織只能運用管理者個人的複雜性來應對這個錯綜複雜的問題。

理解了複雜系統的這一特點後，再把它放到實際的組織和情境中，就會馬上明白為什麼有時我們的思考會陷入混亂之中。我們很難承認自己無法完全掌控複雜性。與此相反，我們總會努力搜集大量資料，進行許多分析，試圖去一覽全貌，找到明確的決策。

複雜系統是以相互作用為特徵的，它造成了系統的不可預測性，因此我們無法預估系統的走向。小小的變化會產生巨大的作用，這就是所謂的蝴蝶效應。但事實上，管理中的預估、預測、目標協定和專案計畫都說明了人們對可預測性的期望。事實和期待在此互相衝突，讓管理者們陷入了兩難的境地。

此外在前期，我們無法為錯綜複雜的問題找到解決方案，又或許根本就不存在所謂的「最佳」解決方案。許多方案其實不分伯仲，這更增加了我們決策的難度。複雜性意味著持續不斷的變化，而外部框架條件的改變是以自身變化性為基礎的。想要經受住這個考驗，就必須一直保持靈活性，以適應各種變化，並在計劃和決策時充分考慮到不確定性。

我們不是因為難而不敢，是因為不敢而感到難。

——古羅馬哲學家，塞內加（Lucius Annaeus Seneca）

根據過往經驗，你可能已經非常瞭解複雜系統實際是如何運作的。儘管如此，我還是想要在接下來的部分簡單介紹一個關於這種系統的案例，因為它為管理者們設下了一個典型的「複雜陷阱」。

旱災、玉米、金錢和援助——一個錯綜複雜的系統

由於持續乾旱，聯合國世界糧食計畫署（WFP）於二〇〇二年五月將尚比亞（Republic of Zambia）和周邊五個鄰國列為災區。糧食援助計畫啟動，他們希望在最短時間裡將上萬噸糧食運送到尚比亞。糧食全部源自於非洲之外的國家，其中大部分來自美國。同時媒體開始報導這次嚴重的饑荒，並呼籲全世界能夠慷慨解囊。否則，預計在二〇〇二年將有數十萬人在這場自然災害中喪生。

但情況到底是怎樣的呢？二〇〇二年初，尚比亞只申請了截至下一個收穫季的最小援助，因為在九個省中，只有一個省發生持續性旱災。尚比亞政府宣稱，他們仍有糧食儲備，本國農民也有玉米的庫存，糧食短缺是暫時且地區性的，根本算不上嚴重的饑荒。但這些話是沒有被聽到，還是被故意忽略，我們不得而知。無論如何，世界糧食計畫署還是將一噸又一

噸的玉米從美國運往尚比亞，但關鍵在於運送的是基因改造玉米。

二〇〇二年九月，尚比亞總統利維・姆瓦納瓦薩（Levy Patrick Mwanawasa）在約翰尼斯堡（Johannesburg）舉行的南非永續發展世界高峰會（World Summit on Sustainable Development）上發言並宣布，因為擔心消費和種植帶來的後果，尚比亞決定立刻禁止任何基因改造玉米，並要求美國全數運回。於是，兩萬七千噸玉米被運往了馬拉威（Republic of Malawi），並在那裡分發。希望美國不要再提供基因改造玉米的要求引起了許多不滿，相關負責人則稱，基因改造只是對基因在技術上做了一些調整，而且美國人民也在食用。

二〇〇二年，由世界糧食計畫署運至南部非洲的八成糧食都是由美國提供的，美國是戰亂和饑荒地區最大的糧食援助國。二戰後，依據馬歇爾計畫（The Marshall Plan），美國首先對歐洲展開了糧食援助。一九五〇年代，在歐洲農業步入正軌後，美國遭遇了嚴重的糧食過剩問題，美國農民要求政府支援糧食銷售。於是在一九五四年，美國通過了農業貿易開發與援助法案，即《480公法》。法案中規定了如何提供人道主義援助、應達到何種效果，並協調了援助量和美國過剩農產品。此外，還設法在糧食援助計畫的框架內只出口並使用美國產品。

美國國際開發署（USAID）落實和協調所有的具體措施，只能出口美國的農產品，使用美國生產的包裝袋，讓美國公司印刷，最後由美國物流公司承擔運輸。《480公法》中絲毫沒有涉及捐款，因為它對推動本國經濟發展無益。美國國際開發署稱，自己面臨的最大挑戰之一就是無法預估全球對援助糧的需求量。而在美國國內，大概有一百萬人依賴於援助計畫的「市場」。

一九九七年以來，歐盟主要以捐款的方式援助受災地區，雖然沒有明令禁止提供種子或食物，但一直以來實物捐贈都很難付諸實際，與其救急性地援助，不如讓受災地區自己來，更能解決自身問題。

無論是尚比亞還是其他地區，這些直接接受糧食援助的受災地區還會因此受到中長期的影響。糧食通常會運送到人口密集的地區或城市，這代表著農村無法得到糧食援助，長期下來就導致了都市化，人們紛紛離開農村，在能獲得糧食的地方定居，這也改變了該地區的基礎結構。此外，糧食援助還直接影響到了這些國家的糧食價格，國內農民販賣糧食更困難了。普遍而言，在被援助的國家中，糧食援助所帶來的不僅僅是食物，更改變了當地人民的消費行為。

二〇〇二年，基因改造玉米引發了一場激烈的爭論。尚比亞指責美國只考慮自身的技術利益，置被援助國於不顧。尚比亞總統認為，用基因改造玉米作種子，隨著時間的推移可能會導致難以控制的改變。此外，玉米是非洲人的主食，食用這種玉米的影響和後果是完全難以預估的。對他而言，不確定性的程度太高了。

對此，美方回應道：「只要將基改玉米碾碎煮熟，一切都沒有問題。」美國質疑尚比亞突如其來的反對，因為幾十年來它們一直樂於接受美國的糧食援助。美方猜測，歐盟才是隱藏在尚比亞背後的勢力。美國國際開發署認為這純粹是歐盟的政治陰謀，以謀求自身的經濟利益。

歐洲方面則譴責美國，打著人道主義援助的幌子追求利益最大化。但這場爭論中的三方至少達成一個共識，即這是多層面的衝突，包括糧食援助、基改玉米、經濟和政治。尚比亞副總統伊諾克．卡文德勒（Enoch Kavindele）曾在一次採訪中一語道破：二〇〇二年的尚比亞危機揭露了歐洲和美國在南部非洲的暗中角逐。他說：「大象打架，草地遭殃。」

這個例子只是「糧食援助」系統中的一小部分，但從中我們已經可以清楚地看出複雜系統中的一些關鍵點。這裡所反映出來的變化性，在許多其他組織中同樣存在，區別就在於主題、角色、問題和參與方不同。下面我將進一步地分析這個問題中關於複雜性的幾個關鍵點，當然還涉及一些道德因素，我們在下文中就不討論了。

眾多因素：尚比亞作為一個國家自成系統，當時有九個省份、上千萬人口，有著自己的法律、內外影響力，還發生了旱災等重大事件。現在我們在「糧食援助」系統中再加入其他參與國、它們的產品、人和內外相互作用等因素，其複雜程度早已超乎想像。眾多因素及因素間的相互作用讓「糧食援助」系統高度複雜。雖然我們在這個例子中沒有界定系統的具體邊界，但可以想像，在外部還有許多其他的影響因素。比如說，交易所裡浮動的數字就會影響到農業原材料的價格，而它又會繼續對糧食援助項目及參與國產生影響。此外，各個參與方基本上是獨立行事，它們的行為以自己當地影響因素為基礎。

不可預見性：由於系統中的非線性關係，不可能去預測糧食援助的需求。即便只改變一個極小因素，也可能產生巨大的影響。就比如在這個例子中，尚比亞出人意料地要求美國運回基改玉米，並要求提供「普通」玉米。人們無法預料到這個轉折，更何況它也並非一個小的改變，或許早有微弱的訊號表明：尚比亞政府對基改玉米持反對態度，但這些訊號卻沒有引起任何注意。

限制：代表美國管理援助的機構，美國國際開發署只能購買本國農業原料，而不允許直接捐款給饑荒地區。另外還必須選擇本地製造的罐子、標籤和貨架等。正是因為這些限制，在美國形成了一個依賴人道主義援助的龐大市場。而美國本身作為一個系統，也因此而產生了改變。

另一方面，對接受援助的國家而言，比起單一的糧食援助，設備、技術或資金的援助更有可能幫助它們解決自身問題。上述限制在尚比亞引發了城鎮化和價格崩盤等問題。一旦一個複雜系統因限制發生改變，那麼它也會反作用於限制。一九九七年以來歐盟援助比例的不斷擴大就是很好的證明，鬆動了原本的限制條件，從而讓糧食援助更加轉向捐款的方式。

控制：這個例子非常清楚地證明，想要按照預設實現中心控制是不可行的。世界糧食計畫署決定將尚比亞列為災區，並開始運入大量的糧食，或許這個舉措一開始對尚比亞還是有所幫助，但到後來就根本沒有意義了，因為尚比亞申請的是最短期、最小程度的援助。尚比亞政府給出的回應被忽略，或者至少沒有被理解。再者，尋求中心控制會對整個系統都造成不良影響。美國試圖控制自己的經濟出口利益，世界糧食計畫署則控制著糧食運送的規模和時間，因此參與方從外部而不是在「系統中」對糧食援助施加著控制性的影響。這種方式對實現個體短期計畫會產生效果，但是從宏觀層面來看，則會很快產生阻礙性的消極影響。

穩定性：提供農業原料就能保證穩定，這樣的想法實在太天真了，而事實也恰好背道而馳。在面臨饑荒等嚴重危機時，糧食援助的確能幫助該地區重新恢復穩定，但實施措施的時間範圍非常關鍵。在系統產生混亂時，採取穩定措施是必要的，因此尚比亞申請了截至下一個收穫季的最小援助。尚比亞對穩定措施早就積累了自己的經驗，它滿懷憂慮地注意到了基礎結構的變化。混亂階段的穩定措施能簡化問題，但選擇立即進行大規模的糧食援助而非啟動農業生產，將無法帶來長久的穩定。

層次級別：糧食援助是一個錯綜複雜的變化系統，它包括許多子系統。每個子系統都與周圍其他系統不盡相同，彼此間有著清楚的邊界。美國是一個獨立的系統，也是世界糧食計畫署項目中的重要組成部分。它與非洲及歐洲間界限分明，但在交流上卻是相互開放的。歐盟和尚比亞一樣，都屬於子系統。那麼，我們到底該如何定義系統呢？其實，「系統」是以「邊界」這個概念為基礎的，比如什麼屬於這個系統，什麼不屬於。從宏觀層面上來看，我們可以觀察到每個農民、人口和資源等不同層次。這些層次級別——即我們可以觀察到的各個層次，對複雜系統而言是至關重要的。在不同的層次上會體現出不同的模式、效果、症狀和問題。只有同時考慮到各個層次，才能理解系統中的相互作用和影響。

系統變化性：在閱讀前幾頁時，你會覺得糧食援助計畫首先考慮的是個體利益、目標和政治。我完全贊同你的看法，事實上也一向如此。這個系統中同樣存在著最高目標、隱性目標、無目標和反向目標，在我們的專案和組織中也不例外，這就造成了系統的變化性。

再次回到例子中：美國強烈要求提供更多援助，因為它想繼續擴大市場並提升銷售額。我不否定這一做法，因為美國希望進行的是人道主義援助。歐盟也同樣強烈地表明了自己的目標，它希望能消除饑荒。這是兩個明顯互相對立的目標，而過去的經驗也證明了不確定性由此產生，並最終把局勢引向衝突而非合作。

這兩個目標決定了對系統產生影響的決策和行為——捐款還是捐糧。每個決策和行為都會產生作用和副作用，只不過有的影響是間接性，需要一段時間後才會顯現。我們要努力的

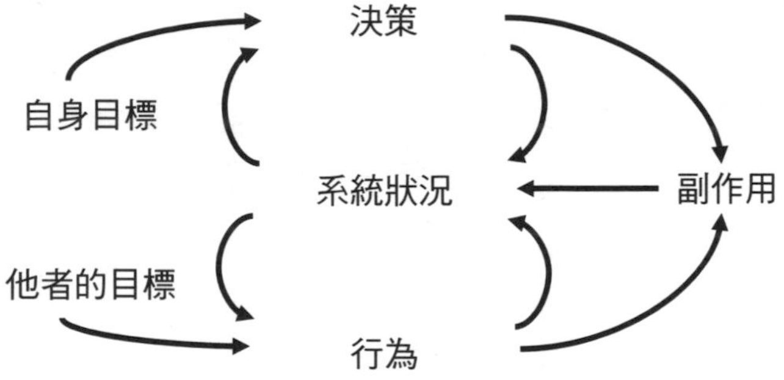

沒有人生活在孤島上

不是讓一切都進展「平順」，而是發現並領會複雜系統中的變化性。瞭解了變化性，我們就可以施加影響，否則只能疲於應對系統的變化。

要判斷糧食援助系統中哪裡出了問題，或許是一件相對容易的事情。有人可能會說是參與方個人利益的驅使，或是受助國無法啟動本國農業生產，又或是援助國的狂妄自大及氣候變化等。通常我們會將自己的判斷指向一個具體的事實，卻忘記了這也只是我們所觀察到的暫時現象而已。同時，我們依然還在運用純因果式的思維方式。其實，除了個體利益和對立的目標之外，最關鍵的還是我們與系統自身特點相衝突的行為。我們總試圖去控制和支配，並判定每一個細節，似乎只有這樣才能掌握事情的原因和影響——這個觀念是所有錯誤的根源。因此我們需要理解複雜性，從而在錯綜複雜的系統中避免一些常見錯誤。

如果人人都按照自己的方式划船，那麼船根本無法前行。

——斯瓦希里（kiswahili）諺語

複雜性──管理的困境

在下面的章節中，我將一一解釋複雜性的各種陷阱。如果我們沒有認清這些誤解，它們就會導致問題和錯誤的決策。此外，在面對複雜性時，我們總會犯一些基本錯誤，即便我們早就已經理解和接受了複雜性，它們仍然會不時發生。尤其在我們面對新情況，處於混亂的狀況，或陷入壓力時，錯誤更會頻繁產生。為何會如此？是不是管理者和領導者們無能又無知呢？他們是否無法或不願適應這個變化的世界？這是一些我們常常會聽到的質疑。當然，人們在提出這些問題時通常是沒有惡意的。

和記憶力一樣，我們處理問題的能力也有侷限，所以我們必須要盡可能地節約並分配好精力。比如說，當我們試圖降低問題的複雜性時，就會去追尋事件的原因，以便能更簡單快速地做出決策。同時，我們還會根據自己的經驗來觀察當下的情況。而在進行決策時，我們總傾向於以熟悉的事物為基礎。因此大腦總是傾向於「第一選擇」，而非「最佳選擇」。在決策時，我們也總會做出並堅持「第一選擇」，而不是尋找解決問題的最佳途徑。我們必須意識到，正是這種「節約精力」式的策略在影響著我們的思維和行為方式。

> 有兩種危險一直威脅著這個世界——秩序和混亂。
>
> ——法國詩人，梵樂希（Paul Valery）

通過這種方式觀察和記憶的世界，往往與世界本身有所出入。在過濾、忽略和歪曲後，腦中就形成了一個模式。只有當自己的方法和技巧行不通時，我們才會注意到這個模式和現實的差異。於是我們試圖去減少這種差異，卻發現兩者並不能相互適應。

要讓我們的模式符合現實，就需要在必要時承認錯誤，學習新的東西或改變觀念。而這些做法往往卻被視為缺乏能力的主要表現，是應該要避免的。人們總是認為，適應世界、表達真相、運用經驗教條就能讓事情變得更簡單。比如有人會說「我們一直是這麼做的，效果不錯」，或是「我很清楚，沒有別的選擇了，沒有必要繼續討論」。事實上，複雜性恰恰要求我們不斷去檢查和更新我們的心智模型。

在一個錯綜複雜的系統中工作，就必然會碰到不透明性、不可預見性和各種意外，這讓許多人覺得無計可施。在這種情況下，一個對自己能力沒自信的人往往會辦事拖拉，或採取不作為的態度。能力是一個組織具備行動力的基礎。而一味自大的人往往會歪曲對這個世界的觀察，有時甚至對失敗毫無察覺，遮蔽了矛盾的資訊，或是將責任推卸給他人，認為問題的產生是由於他人缺乏能力。

面對複雜性時，有許多不恰當的處理方式。我列舉了其中最常見的一些，為你在處理實際問題時提供一些參考。

應對複雜性的錯誤做法

- **只注意症狀而不探求原因：**這永遠只能解決暫時性的問題，因為它將症狀與問題同等對待，沒有透過現象看本質。
- **以偏概全：**從少數並非相互關聯的事件中推出一般性的規律和結論，並將它們運用於之後相似或並不相似的情境中。
- **對方法的迷信：**為了避免未來犯錯，或是讓無法衡量的事情變得「更加確定」，人們往往會找尋新的方法，或對現存方法進行加工，並無一例外地在方法中尋找原因。

- **「專案製造坊」**：「當你不知道下一步該怎麼辦時，就成立一個工作小組。」一旦任務無法解決，就啟動專案。頻繁設立專案，其合理性也是值得懷疑的。
- **盲目忙碌**：許多人喜歡馬上著手進行任務，而不願把時間花費在計畫和方案上。當問題陷入僵局，又不能看清全貌時，只能依靠增加工作量來彌補。
- **短期思維**：決策時只注意到近期的直接作用關係，而沒有考慮到時間的延遲效應。在這種情況下，時間範圍通常是由框架條件（如專案期限、定期合約、監事會任命等）決定的，與系統無關。
- **維護自己頭腦中的模式，不願依據現實調整**：「我認為的，都是對的！」
- **不願傾聽或理解回饋資訊**：沒有運用複雜系統的調節機制，不理會任何一種形式的批評、肯定、觀點、建議和微弱的訊號，從而無法打開通向系統的大門。
- **缺乏「系統性思維」**：在線性因果關係中思考、討論和規劃，沒有考慮彼此間的相互作用。把注意力集中在一些細節上，而忽略了對全貌的掌握。

在這樣的條件下，我們是否還能簡單地在組織中實現成功的管理呢？答案是否定的。那是否有一些方法、要點和工具能幫助我們應對複雜性呢？是的。那它有趣嗎？當然。這本書能幫到我嗎？一定會。這本書將幫助你擺脫陷阱，拓展腦中固有的模式。

本章重點摘要

- 我們的世界是錯綜複雜的，這是它的狀態而非問題。
- 錯綜複雜的局面是無法看清的。
- 複雜系統是相互連結、變化、不透明和不可預見的。
- 複雜的問題需要複雜的應對措施，而非單一的方案。
- 我們需要更新腦中的模式。

陷阱 1

簡化帶來成功

德國嘻哈團體驚奇嘻哈四人組（Die Fantastischen Vier）曾在歌中一語道破：「一切原本可以很簡單，但卻沒有……」而這就是我們所宣導的。那麼，對於簡單化的崇尚到底源自何時呢？是一九九九年包里斯‧貝克（Boris Becker）為美國線上（AOL）代言時的那句廣告詞「我正在用，這很簡單」，還是二〇〇二年前田約翰（John Maeda）出版的著作《簡單的法則》（*The Laws of Simplicity*）？似乎不論在什麼情境下、任何主題，我們都在被灌輸著「簡單」這個概念。

像是德國能源公司 E wie einfach 的廣告所呈現的：電和燃氣便宜又簡單好用。還有廣告宣稱：只要準備好乾淨的酒杯，就能簡單和鄰居打好關係。在這些廣告裡，原因和結果顯得清楚明瞭。又或是再留意一下你常逛書店裡的推薦書目：從《簡單行銷》到《簡單素食》再到《簡單護膚法》，關於「簡單」的書幾乎已經囊括了所有門類。

在以《簡單……》為題的一系列書籍中，拋開我個人喜好不談，僅《生活簡單就是享受》（*Simplify your life*）一書就集合了對生活各個領域的建議，比如「整頓你的人際關係」「簡化你的飲食習慣」「簡化你的時間」「簡化你的生活型態」等等，一切都是如此輕鬆容易。在同類型的書中，我最喜歡這本的實用性，所有的具體建議都是以一個基本理念為基礎。若用一句話總結如何把生活變簡單，那就是：整理書桌、迎接幸福。沒想到幸福會如此簡單吧？而潛藏其中的理念就是：人在整理時會把精力集中到純粹的做事中，而不是被動地做出反應。此時，人自然就會感到幸福。這簡直是太棒了！

我們很「倒楣」地生活在一個高度變化、密切聯繫的時代。這是一個以複雜為特徵的時代，如何讓「簡單法則」與此相適應呢？答案就是清單法和排序法。當看見如「五種常見的管理錯誤」、「十一個控制情緒的建議」、「專案中人際溝通的七個建議」或「四種 E-mail 常見錯誤」等時，你是否會饒有興致地閱讀呢？無論是減肥，還是牙結石，你都可以在網上找到與此相關的無數清單和日常推薦。

如果這些書籍、清單和建議依然不能滿足你的話，那麼你可能會選擇參加以「簡單」為主題的課程，比如說「減少複雜度」等，這些課程往往會引入一些最典型的實例。這些例子之於複雜性就像六標準差（Six Sigma，編按：用於流程改善的工具與程序，是商業管理的戰略之一）之於革新一樣。不過，運用課程中的方法並不會讓你變得更成功，因為它不適合你個人的實際情況。但無論如何，儘管有複雜性，或者就是因為複雜性，課程所涉及的內容也是那些策略、工具、提升效率和效益的技巧等。一天的課程結束後，你很有可能發現，這些東西也完全會在「時間與自我管理」課程中學到。

很明顯，顧問行業已經意識到了「簡化」的潮流，並將「掌控複雜性」設定為基本理念。在提供清單前，他們首先會根據你的情況設定出五步計畫——建立目標、初步規劃、專案管理、刪減、檢驗。這個計畫是如此地簡單，簡單到似乎沒有什麼新意，與複雜性更無關聯。但為什麼會出現這樣的現象？為什麼我們喜歡利用清單來工作？為什麼我們喜歡簡單呢？

因為簡單帶給我們確定感和方向感，沒有混亂、沒有阻礙，我們可以順利前行。但事實上，簡化帶來的卻是一種假象——所有事情都能清楚地以因果關係解釋，彷彿我們簡簡單單就能清楚什麼時候該做什麼。

別誤會，其實在上面提及的幾本書中還是有不少好觀點的。但有時候，只是簡單地提到了一些不是那麼有用的理念，而且也不能保證標題中所說的一定是真的。所以，適可而止吧。如果一直堅信可以脫離複雜性，我們怎樣才能樹立對於複雜性的「健康」態度呢？或許應該再一次回到驚奇嘻哈四人組的歌中找尋答案：

「閉上眼睛，深呼吸，不再輕信你所見到的。你知道，人從來無法看透一切。你所需要的，是信賴和想像。所有人都有一個共同點，即便無人知曉。其實每個人都知道，自己一無所知。我們都一樣。」

簡單給予人安全感

在你工作的公司裡，休假申請的流程一定很清晰明瞭吧？無論是手動還是自動流程，都必須先填寫預計的休假日期，然後提交給主管批准，最後將申請交至人事部，一般流程都大抵如此。在接觸到這個流程，熟悉了各種工具之後，你順利地申請到了第一次休假。這很簡單，你不需要為此操心，因為每次的申請流程都是相同的。因此，你感到確定和心安。

無論是休假申請流程，還是生活中的其他事情，我們都希望它是確定的。安全感是人類內心深處潛在的固有需求，其原因要追溯到人類的進化史。在原始時期，恐懼感是我們保護自身的重要手段，直至今天依然如此，即便有時候我們無法區分「真實的」恐懼感和「主觀臆測的」危險。

但畢竟，恐懼是主觀的，即便沒有「客觀」危險的存在，我們的恐懼感也是真實的，它會讓我們在遭遇危險前選擇逃離。危險在黑暗的原始時期關乎生死，但是在現代社會則很少有如此嚴峻的情況。不過這種恐懼感的保護機制依然存在，我們心中下意識的排斥感也依然在發揮著作用。

我們的祖先在面對劍齒虎時根本沒時間考慮下一步應該怎麼做，因為他必須馬上採取行動。一般說來，我們在日常工作中所遇到的複雜問題雖然不會危及生命，但也足以讓人感到時間的壓力。這是由一定的框架條件產生的，而通常經濟的壓力會要求我們迅速找到一個解決方案。人在這種情況下所感受到的壓力以及面對壓力時所做出的反應與我們的祖先如出一轍。壓力讓我們憑藉直覺和本能進行反應和決策，而這時，大腦中的杏仁核就發揮了作用，因為它能迅速調動潛意識認知。

我們的決策有可能是逃跑、進攻或是裝死。帶入到如今錯綜複雜的問題中，逃跑可能意味著請病假、辭職、職位調動申請或把工作推給他人。裝死則表現為拒絕或無限期地推遲工作。當然，病假也同樣算在內。那麼在這種情況下，進攻的具體表現是怎樣呢？暴怒冒進通常不會成功，而仔細分析又缺乏時間，所以人們將希望放在了簡化上，認為這樣就可以避免危險了。然而，陷阱卻隱藏其中。

◆ 簡化不能解決錯綜複雜的任務和問題。

錯綜複雜的任務完全不能通過簡化的方式來解決，我們必須先區分出「簡單」和「複雜」這兩個概念。

可重複、可理解、不言自明的

許多組織推行的流程都是簡單情境中的典型範例，它們有一些構成簡單性的共同特徵：其中的因果關係是簡單、一目了然和可重複的。在簡單情境中只有一種正確的方法、答案或解決方式。沒人會質疑電燈開關的工作原理，按「開」燈光亮起，按「關」燈光熄滅，這是毫無爭議的，因為每個人都知道這個過程——流程是原因，作用是結果。

再舉個例子：比如你之前和辦公用品供應商約定，新辦公椅的送貨時間是三月十五日，並把這一點寫入了採購合約。但當供應商沒有如期交貨，你會很自然地把這種情況歸類為「太晚了」，可以根據合約，做出相應的反應（提醒交貨、取消訂單等等）。

區分簡單的系統和複雜的系統關鍵點在於是否具備「可預見性」。簡單的情況隸屬於有序的世界，人們可以清楚地發現其中的因果關係。當然，在複雜的系統中同樣也有因果關係，但我們可能要反覆回顧才能發現。一個簡單的系統會有高度的限制，而我們在之前的章節中已經解釋過這個概念。人們可以通過它來控制和預測行為，因此每個人都能做出正確的判斷。

這超簡單！

◇ 在簡單情境中，可以通過歸類來做決策。

熟知的領域是簡單的，因為我們都對熟悉的東西瞭若指掌。對所有參與方而言，內容是什麼，如何進行都清楚明瞭。每個人都能理解其中的因果關係，大家不會有爭議，這就確保了系統的穩定。在此種系統中，基於事實的「命令和控制」式的管理風格是可行的，而控制也是一種合適的管理手段——任務得以合理分配，職責也自然明確。但有時候我們卻濫用了這種控制手段，或將它運用到了完全不適合的情境中。

招標流程就是一個很好的例子。許多公司明文規定，在招標時至少要有三方競標人參與。但往往在某個專業領域中或在採購時，企業在招標開始前就已經有了屬意的合作方。在這種情況下，標書總會很明顯地傾向某一個競標人，而對其他兩家而言僅僅是形式而已。正是這種對流程的過度控制導致了「上有政策，下有對策」，也浪費了很多精力和資源。

◇ 過度控制，會導致「上有政策，下有對策」。

我們總喜歡簡單地描述一件事的因果關係，卻沒有意識到事實上它並不簡單。我們也常常會認為，自己能闡明簡單的因果關係，卻忽視了只有在反覆回顧後才能恰當表述事情。

布蘭德斯（Brandes）曾擔任過德國最大連鎖超市阿爾迪（Aldi）的經理，二〇一三年他出版了《簡單管理：避免、減少和掌控複雜性》（*Einfach managen: Komplexität vermeiden, reduzieren und beherrschen*），書中談及了他為土耳其某企業家協會諮詢時的案例。一九九五年，阿爾迪公司計畫在土耳其開設一家食品分店，希望能佔領土耳其市場。書中用明確的因果關係描述了影響成功的三個標準——位置、商品種類以及價格。如果在這三點上做出正確的選擇，那麼分店就會成功。

作者在書中也提到了第一家分店的創辦過程：請熟人到店中挑選他們在食品商店希望購買的商品，然後工作人員把這些商品放在地上，精心地整理，為顧客「篩選」出了最佳商品。他們刪去了重複的，又增加了缺少的，一周之內分店就開張了。作者認為，這是一個非常簡單有效的做法。

我不想否認這種方法的有效性，但從這本書的角度而言，說這個方法簡單就有些牽強了，因為它反映出的其實是一種實用性。當然，有一些經驗資料可能已經證明了，價格、商品種類和位置的選擇對食品市場領域的成功具有重要意義。但就每個零售商而言，它一直是一個錯綜複雜的系統，人們無法預言成功。而在我們事後回顧整個過程的時候，解釋因果關係，做出推論就會變得相對容易了。但它與簡單無關，就好比在上面的例子中，銷售與簡單其實並無關係。作者和他的支持者們在不同的層面上進行了嘗試，比如收集商品，利用顧客的不同需求整理篩選商品等等。追根究柢，他們進行了一次「成功開設分店」的試驗，但在看見結果之前，沒有人能真的保證這種做法一定能取得成功。

◆ 一味重複某種因果關係並不能確保下次的成功，也不能簡化問題。

因果陷阱

二〇一三年十一月十九日早晨，有兩人在諾伊豪森奧普埃克（Neuhausen ob Eck）附近的直升機墜機事件中不幸遇難，這原本只是一名四十八歲飛行教練和他學生之間一堂非常普通的飛行課。〈雖不確定，但事故極有可能是人為失誤引起〉是報紙在事故調查後的報導標題。報導在第一段就向讀者傳遞了這一資訊，後文中還提到，事故調查員無法找到指向技術故障的證據。

內文提到：「我們不知道當天在直升機中是什麼狀況，但是我們迫切需要找尋到事故的原因。」儘管不知道發生什麼事，我們還是將它歸咎於人為失誤，因為只有找到出事原因才能讓人覺得心安。這樣的因果歸因是值得批判的，因為它同時也會帶來對逝者的道德評價和罪責判定。

還有另一個例子，福島核災事故

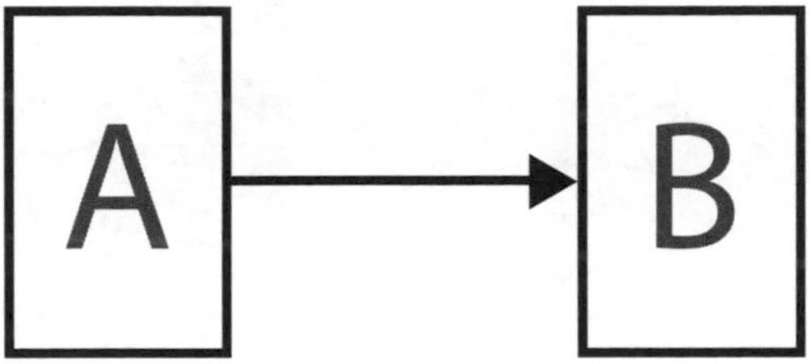

明確的原因，明確的結果

調查委員會認為，人為失誤導致了這場本可以避免的災難。即便不是複雜系統的研究專家，我們也不難理解在不考慮人為因素的情況下，福島本身已經是一個高度複雜的系統。毋庸置疑，東京電力、監督機構和政府一定有決策失誤、疏忽和錯誤的狀況，但卻無法表明是哪個原因直接導致了這次不幸。

二〇一一年三月十一日，當地時間兩點四十六分左右，地震縱波抵達核電廠，一～三號反應爐迅速自動停止工作，其他反應爐因為維修並沒有投入使用。兩點四十八分，反應爐的渦輪機關閉，管道在劇烈震動中受損，開始滲水，很可能這個時候冷卻系統已經暫停運轉。福島第一核電廠共有六個機組，它是日本第一座、也是發電量最大的核電廠，但彼時卻已無法連入海嘯預警系統。

三點二十七分，第一波海嘯襲來，四公尺高。儘管核電站防波堤有五．七公尺高，後方的海水泵還是損壞了。之後襲擊核電站的海嘯最高為十五公尺，幾乎「淹沒」了核反應爐。它們泡在五公尺深的水中，而緊急供電設備也很快損毀，反應爐內的壓力不斷升高。由於糟糕的交通狀況，外部運送的發電機被堵在路上，直到幾周後反應爐才得以暫時冷卻。

簡明扼要地說，核災的規模是難以想像的。在事故後，人們首先會問，為什麼會發生這樣的事情？人們想探究並瞭解事件的原因，找到責任歸屬。與許多其他事件一樣，在這個事件中，「人為失誤」這個判斷就顯得過於簡單了，它是人們主觀推斷的答案。一個如此複雜的系統是由無數相互作用所構成，非線性的因果關係。此外，還有來自外部的巨大影響（如地震、海嘯等），以及相應的邊界條件（如防波堤高度、停止反應維修和堵車等）。如果把所有這一切關聯都歸咎為一個簡單的因果關係，那麼我們就掉入了因果陷阱。

◆ 我們渴望找尋因果關係，也會固執地認為，同樣的結果必定是由相同的原因引起的。

我們通常能在短時間內迅速找到原因，明確責任歸屬和過失方。這種因果理念在有些人的腦中根深蒂固，以至於他們有時看到的是根本不存在的原因，卻忽視了真實原因。奧地利動物學家康拉德．勞倫茲（Konrad

Lorenz）認為，對因果關係的渴望是引導人類學習的「天生導師」。

其實，人們對因果關係的探究並不侷限於土耳其的食品零售或是福島的核災，更反映在我們日常工作中的每一次際遇裡，並充分體現在管理中。我們可能都會「快速準確」地判斷一件事，不是嗎？為什麼A同事在工作上顯得心不在焉？→「他一定是最近和妻子關係不是很好。」；「主管現在發布這個指示，是因為……」；同事B在工作月報上被詢問時時感到猶豫→「她一定是不夠瞭解她的部門，沒有掌握好相關情況」。

在這種想像中的因果關係裡，我們的偏見和刻板印象占了上風，但我們依然希望能找到一個理由，探究「為什麼」。人們都希望領導者和管理者能隨時瞭解、掌握、控制和分析他們的資料、視角、目標、風險、指數和員工，而且最好能用簡單的因果模式進行，因為這樣做事情就會變得簡單，簡單的就是好的。所以，如何調和簡化管理和應對複雜性兩者之間的分歧也是你所要解決的問題。

成因對策讓我們認識到：原因之間的相互連結是以局部連鎖形式和整體網路形式呈現。世界上沒有一件事能夠僅從一個角度進行解釋，每件事都是由一個相互作用的系統所產生，而其本身也是系統中的一個要素。

——奧地利動物學家，魯伯特．里德（Rupert Riedl）

簡單——通向混亂的捷徑

簡單的系統是有序、穩定和透明的。似乎乍看之下，這種簡單狀態就是我們所期望的理想狀態。因為它更具有確定性，所以我們應該把各種系統化繁為簡。但這一切都只是假象，因為當人們對此過於自信和自滿時，這些看似穩定的系統就極有可能會陷入混亂。

在一個長期合作的團隊中，自滿的情緒會隨著時間而不斷滋長。團隊成員互相瞭解，也懂得如何相處。團隊中的每個人都感到在一起合作很和諧、不複雜。團隊的潛能得以發揮，團隊合作的規則和價值早已經約定俗成。這時團隊非常團結，但彈性則不斷下降。這時候，團隊往往會力求維持這種穩定的局面，甚至將它看得比創新和發展更重要。我在二〇一三年的著作《專案管理彈性》（*Resilienz im Projektmanagement*）裡曾談到了專案組織中的這種狀況，但其實這是一種普遍現象，我們在任何形式的組織中都可以發現它的影子。

◆ 一個保持「清楚透明」狀態的團隊很有可能會陷入自身的預設、模式和信念中，並傾向於極度簡化。

一個聯繫如此緊密的團隊卻也時時刻刻面臨著意外狀況。一旦有巨大衝擊來臨，系統就會被顛覆或陷入混亂。結構調整、公司收購與轉讓、團隊內部矛盾、部分成員的離職或高層變動都足以構成衝擊，導致團隊不再具備相應的靈活性和解決方案、處理方式的多樣性，以致在面對問題時無法做出恰當的反應。這種情況下，就真的需要運用危機管理幫助團隊重新恢復穩定，尋找新的目標。

你應該要注意

- 質疑你的「假設原因」。
- 注意你自己對問題的解釋。
- 經驗豐富的團隊容易自滿。
- 默契良好的團隊面對變化往往準備不足。
- 穩定系統的彈性不斷下降。
- 對這樣的團隊進行有意識地「干擾」。
- 避免將錯綜複雜的問題簡單化。

複雜系統中的簡單規則

要在複雜的系統中實現成功管理，我們需要一些簡單的東西——那就是規則。規則構成了限制，系統根據規則運轉，而系統的表現反過來又會對規則產生影響，這就是相互作用，它並不存在於簡單系統中。大自然提供給我們一個很好的範例——魚群。魚群本身就是複雜的系統，也是沒有核心管理的自組織，但簡單清晰的規則讓高度複雜的龐大魚群得以存在。

除了自組織的特徵外，魚群還顯示出強大適應力。牠們對外界影響所做出的迅速反應尤其令人印象深刻。如果一群魚被襲擊，那麼其中每一條魚生存下來的機率要遠遠高於獨自受襲的情況，因為襲擊者會暈頭轉向。只有魚群在作為一個「整體」活動的時候，這一招才奏效，因為襲擊者很難從中辨認出某一條魚。無論是鳥群還是魚群，牠們所遵守的規則如下：

- 與其他魚保持距離。
- 跟上周圍魚的速度。
- 避免相互衝撞。

從中可以看出，規則如此簡單，而行為卻如此複雜。某些種類的魚在受到襲擊時會分成小魚群，從而迫使攻擊者從中做出選擇。未受到攻擊的魚遊到了攻擊者的身後，而被攻擊的魚則有秩序地散開，迷惑攻擊者。這裡沒有一隻魚在做出、宣布或實施決策，魚群只是互相影響，並對收到

「襲擊訊號」的魚群表現做出反應。只要五%的魚受到了威脅，就能激發整個魚群的強烈反應。

那麼，究竟應該如何定義團隊中的合作？在錯綜複雜的環境中，是否只需要少量的簡單規則？這就是我們所要探討的問題。在人事部或市場部的走廊，常常裝點著以制度為主題的宣傳海報，而這些制度僅僅只是一個開始。你可能也會有這種感覺，這些基本制度因為涉及各個方面而顯得過於宏觀，即便達到了一定作用，也會很快變得形同虛設。

根據我的經驗，如今人們對核心規則的協商和確立缺乏重視。事實上，一旦有兩個或以上的人聚在一起，就會自動生成規則。來到一家公司，我們很快就會明白什麼可行，什麼不可行，而其中的大部分都是通過非言語的方式領會的，因為這些規則往往不會被明確地說出來，而是暗藏在公司的運轉中。一個最司空見慣的例子就是「準時開會規則」。在你工作的公司是怎樣的呢？開會允許遲到嗎？員工很快就可以觀察並瞭解到開會的制度。如果有個同事遲到了，但他既沒有被提及也沒有被責罰，更沒有對會議造成影響（比如沒有等到他來了才開始會議），那我就明白了，開會來晚一點也沒事，這條規則就這樣被我記在了腦中。

◇ 規則運轉方式和規則本身同樣重要。

規則涉及的是雙方的相互期望。但我看到的普遍情況是：領導階層對員工提出了各項要求，卻沒有傾聽和瞭解員工的期望。期望產生於人和人的相互合作中，你的員工一定對如何被管理有自己的見解，而你也一定對員工的工作方式有所要求。在一個有建設性的合作關係中，所有人都應該瞭解他人對自己的期望，只有這樣才能做出恰當的反應。一旦無法或不能滿足某種期望，及時進行說明並提供備選方案非常關鍵。

對一個團隊而言，討論必要規則還有一個重要作用，即釐清並統一對規則的理解。如果團隊成員就合作中的批評、回饋、行為舉止、開誠布公等重要因素交換意見，那麼接下來他們便能在某方面達成共識。在團隊中常見的情況是，許多人都在使用同一個概念，但他們對這個概念的理解卻不盡相同，而解決這一問題的途徑就是開放式交流。

你應該要注意

· 在你的團隊中鼓勵展開積極地討論。
· 在討論中，將隱藏的規則明確化。
· 瞭解員工對你的期望。
· 向員工表達你對他們的期望。
· 在團隊中規定違反規則的處理方法。

說到規則，總有主管抱怨違反規則的員工。面對這個情況，我建議你先自我反思：你在公司裡有遵守制度嗎？是否偶爾也會有例外？我發現，有些主管和管理者甚至在員工面前對自己的違規行為沾沾自喜。這常發生在涉及與員工無關的規則時（如配備的公司車等）。如果你曾有過輕視規則的舉動，那麼在員工仿效這個行為的時候請不要訝異，因為你就是員工們的標竿。因此，千萬不要輕視你自己作為榜樣的力量。

簡單管理，而非簡化

在管理中所遇到的情況並不是一味簡單、困難或複雜的，而是混雜了各種狀況。所以，第一個重要的步驟就是加以區分和鑑別。

我們先來看簡單情境，並思考一個問題：「如果情境和問題確實非常簡單，應該怎麼做？」在這種情況下，你應當確保流程清楚流暢、有效率，實踐最佳方案。任務分配簡單明瞭，並能營造直接、透明的溝通環境。

此外，你和你的團隊應切忌自滿，並不時反省你們共同的觀念和信念，思考「我們對自身和周邊環境的

簡單	複雜
原因＝影響	原因—影響
歸類	檢驗
有秩序的	無序的

做出正確的決定

簡單看法是否依然行得通」？同時，訓練自身的警覺性，意識到在穩定性和生產率提高的同時，團隊的抗壓力和彈性會隨之下降。即便有時候似乎能通過明確的決策和精巧的任務分配盡可能地擺脫這一局面，但切記要與你的員工保持良好溝通。嘗試在「微觀管理」（micromanaging）與「放任管理」中尋找一個折衷方案，同時常常透過現象關注本質。

◆ 在簡單情境中可以使用最佳方案。

考慮環境和可能引發重大轉變或混亂的因素，也是非常重要的。我們無法避免公司收購、結構調整、產品停產等類似危機狀況的發生，但是卻可以儘早地做好準備，以做出快速正確的反應。沒有一個轉變或危機會毫無徵兆地出現，但我們卻常常忽視它。

在我們的（公司）文化環境中，人們習慣對強烈的訊號做出強烈地反應，而同樣的，對較弱的訊號通常也只能做出較弱的反應。對此我們必須有所改變，而可靠度高的組織就提供了很好的範例。對那些長期處於高風險環境中的組織而言，往往一個錯誤產生就會導致致命的後果，因此即便面對微弱的訊號它們也總保持著敏感。在實際操作中，保持敏感的重要方式就是訓練自身的警覺性。警覺性在這裡指的是對自我的監督覺察，以及對同事和環境的高度敏感。

◆ 特別是在穩定簡單的環境中時，我們會傾向於把重大事件視為個別現象。

這些重大事件很有可能就是徵兆，並在日後發展成影響整個系統。「我們有風險管理啊！」你可能會這樣想。風險管理是不錯，但還是遠遠不夠。一般情況下，傳統的風險管理只考慮到了最有可能發生的狀況，而計畫週期也侷限於一定的時間範圍內。要注意到微弱的訊號和徵兆，並能及時做出反應，就必須擴大預估的時間範圍。在保險業，已有數家企業運用了早期預警系統。

凡事力求簡單，但不要過於簡單。

——阿爾伯特・愛因斯坦（Albert Einstein）

瑞士再保險（Swiss RE）藉由 SONAR（systematic observation of notions associated with risk〔系統觀察風險〕），引入早期預警系統，讓公司可以辨別、評估和管理潛在風險。此外，它還通過專家網路收集潛在風險的早期（微弱）訊號。在這裡，潛在風險指的是一個全新的或發生變化的風險，它難以量化，而且可能會對保險業及瑞士再保險公司本身產生重大影響。而觀察這些潛在風險及其影響，所需的時間從一到三年甚至十幾年不等。

有些風險的影響可能要很晚才能顯現，一個典型的例子就是長時間的電力故障。通常在風險預估時，一般只會考慮幾個小時的電力故障，但恐怖攻擊等情況就有可能導致長時間故障。SONAR 則將這一情況考慮在內。瑞士再保險對此明確分析，這個風險在過去雖然未曾大規模出現，但由於它在未來的影響程度尚無法預估，因此很有必要將它考慮在內。SONAR 涉及的其他風險領域還包括社會動盪、狂牛症、低酒精飲料和奈米科技等。SONAR 背後的問題並非是何種危機事件會以多大的機率出現，而是我們的未來是怎樣的。它幫助我們描繪出了一幅關於未來豐富多彩的圖樣，並在面對可能出現的狀況時設計出了多樣的應對方案。人們由此排除了自滿的心態，而這也為進行充分的訓練準備提供了可能性。

本章重點摘要

- 簡化並不能減少複雜性。
- 簡單的系統是可預估的，可以找到一個正確答案。
- 對尋找因果關係的渴望讓我們掉入了因果陷阱。
- 簡單的系統容易陷入混亂。
- 複雜的系統需要簡單的規則。
- 提高警戒幫助我們在簡單的系統中維持穩定。

陷阱2

將錯綜複雜等同於難於處理

至少延期四年、超過三十億歐元的預算、欺騙以及尚未兌現的承諾，當我提到這些關鍵字時，你大概能猜出我在說什麼了吧？沒錯，正是二十一世紀大型公共工程中最令人憤慨的柏林布蘭登堡機場（Berlin Brandenburg Airport）。不知你是否還記得導致這個爛攤子的原因？是的，就是防火設計。柏林市議會調查委員會總工程師曾宣稱：「防火設計還沒有完工，因為它太複雜了。」

看到這裡，我不由翻了個白眼，心想：「又弄混了，這太典型了。」防火設計是一項技術工程，它不可以用錯綜複雜（complex）來形容，而是難於處理的（complicated）。在設計中有變化的因素嗎？還是有相互作用的關係網絡？抑或是不透明的？都不是！因為連我這個百分之百的防火設計門外漢在深入學習之後都可以弄懂這套設備。

有好一陣子，混用「難於處理」和「錯綜複雜」這兩個詞幾乎成了潮流，錯綜複雜成了流行詞彙。人們在試圖闡釋原因、問題、挑戰和特性時，都會頻繁、甚至不假思索地使用它，完全忽略了合適與否。與此相反，人們往往會用「難於處理」一詞來概括錯綜複雜的關係。在此我想再舉一個典型的例子，法國哲學家沙特（Jean-Paul Sartre）曾這樣描述過足球：「對手的存在讓足球比賽變難（complicated）了。」

哈，可惜這句話說錯了。在足球中，有難度的頂多是規則，而實際上，在比賽中使用的規則又是簡單的。比賽應該是複雜（complex）的。你有辦法預測到比賽的整個過程嗎？應該幾乎不可能吧！賽場上有二十二名（直接的）參與者，他們相互作用，同時受到了裁判的影響，此外還有氣候、天氣、策略和教練指導等因素。要預測？那是不可能的。

人們總覺得，錯綜複雜聽上去比難於處理顯得更高級。「什麼？你的任務僅僅是難於處理的程度？我的是錯綜複雜啊，難多了！」面對難於處理情況，我們會覺得運用一定的策略能夠加以應付，而提及錯綜複雜，總感覺它透露出了一絲無法解釋而又深不可測的氣息，是一個重大事件。現在，只要我們在無法解釋時使出撒手鐧「這太錯綜複雜了」，就沒有人會繼續追問，全都閉嘴了。這句話讓我們能夠更容易地掩蓋自己的無知。情況難於處理，是因為我們尚未理解它；情況錯綜複雜，是因為我們永遠無法理解它。

現在你或許會想，是不是有人故意把錯綜複雜和難於處理混為一談？當然這是有可能的。但大多數情況下，我們的問題在於無法區分這兩個概念，只有少數人去探究其概念背後的含義。人們通常會認為，較之於難於處理，錯綜複雜的程度更甚，是難於處理的升級版。所以有時候，人們會用錯綜複雜來形容談話、Excel 表格、攝影或是資料庫。

所以，弄混這兩個概念的不止柏林布蘭登堡調查委員會總工程師一人。翻閱一下關於這個話題的討論，就能在網路論壇上找到大量使用錯誤的例子：

・即使問題錯綜複雜，我們也能用更簡單的方式解決。

——巴克特里烏斯博士（Dr. Bakterius），www.mikrocontroller.net

・錯綜複雜的概念本身也是錯綜複雜的，所以很難用簡單的方式解釋它。

——喬尼・奧伯韋安（Jonny Obivan），www.mikrocontroller.net

・對個體而言，錯綜複雜與難於處理的程度不同。

——尤里・帕拉勒洛維奇（Juri Parallelowitsch），www.mikrocontroller.net

你可能會覺得混淆概念沒什麼大不了的吧？如果僅僅出現在採訪中，

我也認為這不足為奇。但是，通常在用詞混淆的背後，隨之而來的就是混淆相關措施。錯綜複雜和難於處理不僅僅是兩個不同概念，它們完全來源於兩個截然不同的系統。我們無法用適用於其中一個系統的方法來解決源自另一個系統的問題。如果說柏林勃蘭登堡機場的負責人真的將防火設計視為一個錯綜複雜的問題，那我敢說，這個機場怕是永遠無法啟用了。

錯綜複雜不等同於難於處理

我們為何會混淆或用錯「難於處理」與「錯綜複雜」這兩個概念呢？答案是顯而易見的：它們在日常用語中都沒有被明確界定。我們對兩者的習慣性用法雖在情理之中，但卻並不正確。當問題或任務有許多組成部分，且彼此又在某種程度上相互連結，我們就認為它是難於處理的。在我們的觀念裡，難於處理的系統一般比較龐大，無法一眼看透，但我們還是有能力瞭解和掌握它。反之，我們則將自己無法理解的事物定為錯綜複雜的。看來一般而言，人們區分兩者的決定在於「能理解」或「不能理解」某一事物。

如果我提議把咖啡機歸到「困難」一類，我想你應該也不會反對吧。它是一台機械設備，由許許多多的零件構成，有明確的功能和便於操控的大小，即使我們不是電器設備專家，使用咖啡機時也游刃有餘。相對的，我現在要把 Airbus A380 客機劃入「困難」這一類，你可能就會感到糾結了吧。只有專家能夠瞭解 A380，不是嗎？當然，我們所有人也都有機會能夠成為這樣的專家。與咖啡機相比，飛機的零件更多，其中的關係也更為繁雜，但追根究底，飛機仍只是一台機械設備。

要弄懂飛機，只是時間和研究深入程度的問題。在這個過程中，每個人都會有或難或簡單的主觀感受。如果它顯得越難越枯燥，我們就會說它是錯綜複雜的。看起來，用詞的選擇好像是源自我們的主觀心理狀態，而非對系統本身的客觀描述。要擺脫將難於處理和錯綜複雜混為一談的誤解，我們首先就必須明確界定兩者之間的差別。

一切都「井然有序」──困難系統的特徵

不知你是否瞭解德國稅法？它是德國兩千七百萬納稅義務人的權威大

法。在過去的幾年中，經歷了十次左右的修訂，這一系列變化影響了許多法規。超過兩百項稅法令和十萬多項相關規定讓「普通」納稅人接應不暇、捉摸不透。你知道心律調節器和義肢的營業稅率調降了，但備用零件和配件卻依然徵收全額稅？另外，禽類蛋品和蛋黃的營業稅率也有所下降，但不可食用的無殼蛋和蛋黃還是徵收全額稅。總有許多特殊規定和例外，當然還有例外中的例外。

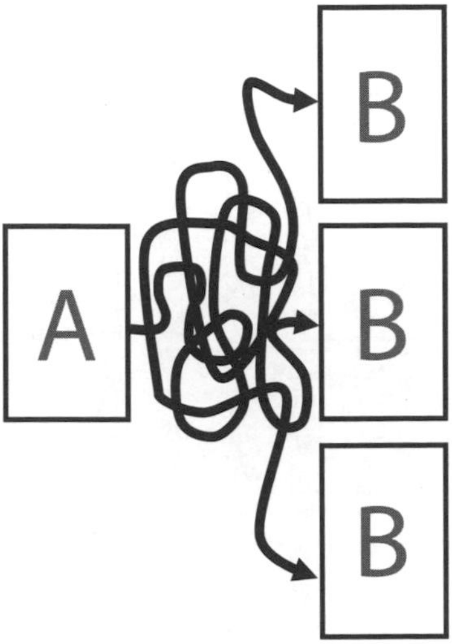

分析為決策奠定基礎

這就是為何有超過七萬五千名稅務顧問在這領域如此活躍的原因。一個令人頭痛的稅務系統也有「好處」，因為它提供了不少的稅務漏洞：比如連鎖咖啡店星巴克曾經十五年都沒有在英國繳納過一分企業所得稅。當時所有的分店都運營順利，盈利頗豐。然後再將約六%的智慧財產權費轉入位於荷蘭的歐洲總部，以此成功規避了在英國的所得稅。這筆智慧財產權費背後的意義何在？由於那時星巴克歐洲總部位於荷蘭，所以它在荷蘭享有各方面的免稅政策。如今總部已遷至倫敦，當然就無法再鑽這個稅務漏洞了。

上述例子表明，稅法初看顯得混亂，讓人捉摸不透和無法理解，而這種情況不僅僅出現在德國。那麼，為什麼我們依然用「難於掌控」去形容它，而不用「錯綜複雜」呢？

當瞭解相應特徵時，將困難的系統、事實和任務狀況與其他情況加以區別，它們就並不困難了。

◇ 困難系統的本質特徵是明確的因果關係。

我們在之前已經分析過因果關係。在包括稅法在內的許多法律中，都普遍包含著人為確定的因果關係。如果我向忠實顧客寄送禮物，那麼我就可以免除部分的稅，這點非常明確，是可以預測的。而這個情況遠遠算不上困難，並且有眾多法規也可以達到如此效果。儘管在困難的系統中有明確的因果關係，但它並非僅僅停留在單一層面上。也就是說，有多種不同途徑可以達到同一目標。在上面這個例子中，我可能就會向稅務顧問諮詢，哪項規定是對我最有利的，因為他是這方面的專家。

總結來說就是：可能有多種正確的解決方案，但是專家在事前分析時已經將結果都預料在內了。對我們而言，似乎專家對某種情況的專業認識越深刻，就能越「簡單」地找到其中的因果關係。「困難」是專家們的專業領域，他們通過分析系統找到可能的解決方案。像是我的稅務顧問就會逐一研究稅法中所有與客戶贈品相關的法規，並與我的實際情況相結合。最後，我們可能會共同決定怎樣向稅務機關報稅。

因此，分析法是種可以幫助我們決策的機制。在困難情況的範疇中，一旦我們因為對某個問題知之甚少或一無所知而感到無所適從時，便會習慣性地用「錯綜複雜」來形容。但不管我們如何表述，問題本身還是維持著「難於處理的」特性不變，而我們自身也仍然處在一個「有序」的世界中，並能夠釐清其中的因果關係。一直以來我們都希望自己最好能對這種「有序的」環境瞭若指掌，做到如魚得水。從小我們就學到分析法是解決問題的最佳途徑，幾乎在所有情況中人們都可以明確地找出因果關係。遺憾的是，始終沒有人告訴我們，在雜亂無章的世界中，應該如何尋找解決方案。對此，將在本章稍後部分展開討論。

◆ 分析法是困難情境中的決策機制。

如果說難於處理的情況是專家們的天地，那麼這勢必也會對我們的管理產生影響。一方面，有聲望的專家有時候就像女明星，盛名在外，打交道時總少不了各種繁文縟節。另一方面，作為管理者也要保持清醒，因為你和你的團隊、部門或組織很容易就會走入所謂的「專家陷阱」。當未能成功完成一個項目時，我們總能在總結經驗教訓時聽到這樣的論斷：「要是當時能找到更多的／別的／更好的專家就好了！」我們總堅信，專家意見是解決一切困惑、問題和紊亂狀況的制勝法寶。我們常急於翻找電話黃頁，諮詢某個領域的專家，因為我們是如此信賴他們，甚至不惜重金聘請，或甘願三顧茅廬。專業功底越深厚、越全面，這位專家和他的意見就越「重要」。

在你的團隊中，是否也有這樣一位「有聲望」的專家呢？好，那就讓我們來好好分析一下。許多專家往往會從某個時候起就開始拘泥於自身的觀念和影響力，然後開始排擠其他觀點和意見。新同事或非專業同事的看法完全不被重視，或只有部分被接受，因為他們沒有達到可以和專家平起平坐討論的程度。更甚者，只要專家認為事實或問題超出了他的知識庫之外，就斷然宣稱它們「不存在」。簡言之，專家不懂的，就不存在。

期待「意外」——複雜系統無法預測

無論是置身於難於處理的還是錯綜複雜的環境中，領導和決策一直是管理中的兩項核心任務。當我們離開有序的環境，面對錯綜複雜的關係時，如何才能提高成功的可能性呢？是否應該調整我們個人的管理策略？

來自然界的例子或許能為我們答疑解惑。

我們正置身於全球第三大熱帶雨林——東南亞熱帶雨林：這裡有色彩斑斕的蝴蝶、熱帶禽類還有五顏六色的花朵，是遍布苔蘚的綠色之洋，也有蕨類、藤類和參天大樹。六千萬年的歷史讓它成為世界上最古老的熱帶雨林，其中最重要的林區主要分布在印尼、緬甸和巴布亞紐幾內亞。

這個動植物世界簡直就是一個熱帶寶藏，生活著可能是全世界最兇猛的犀牛——蘇門答臘犀牛，除此之外雲豹、長鼻猴和猩猩也在這片廣袤的森林中繁衍生息，還生長著無花果樹、大王花（地球上最大的寄生植

作用與反作用構成了循環

物）和食肉的豬籠草等。加里曼丹島（Kalimantan）的原住民是達雅族（Dayak），他們有許多不同的部落，說不同的語言，擁有不同的習俗，也就是說在這個族群中有多個「參與方」。熱帶雨林的重要功能，就是要儘量減少溫室作用，讓二氧化碳轉換為氧氣。

由於森林的破壞，二氧化碳濃度也隨之上升。生態系統的第二項重要任務就是儲存水分，通過蒸發讓水氣循環進入大氣。熱帶雨林的一個顯著特徵就是各個組成部分的相互作用和共生關係。這種在數百萬年間逐漸形成的關係也是生態系統最主要的標誌。一個物種的衰弱可能就會導致另一個物種的生存機率急劇下降。

生長在中南美洲熱帶雨林的巴西果樹就是一個很好的例子：它的生存要依賴於生活在地面上的一種齧齒動物刺豚鼠。沒有其他動物像刺豚鼠一樣，能用尖銳的牙齒撬開巴西果樹的果核，在吃完後，又將種子隨意撒入土中，種子在土裡生根發芽，長成新的大樹。同樣地，巴西果樹的授粉過程也是由另一種動物完成的——蘭蜂，沒有牠的幫助巴西果樹就無法繼續繁衍生長，這也是雨林相互作用關係中另個簡單明瞭的例子。

在有的關係中，雙方是相互依存的，比如螞蟻就深諳此道。除了與植物、菌類和其他昆蟲相互影響外，它和毛毛蟲之間的關係尤其特殊。有種特殊的毛毛蟲會通過背部的腺體釋放出有甜味的化學物質，而這種物質就成了螞蟻的養分。作為回報，螞蟻也會保護它，有時還在蟻穴中為它提供寄居之所。

試圖預言未來，就像夜間行駛在黑暗鄉間小路，還要不時向後張望。

——彼得．德魯克（Peter Drucker）

我們可以很容易想像得到，變化和破壞會對熱帶雨林帶來怎樣的影響，面對農業開發、河流改道、氣候變化等情況，雨林中各個因素的關係和相互作用必然要隨之調整，這個錯綜複雜的系統絕不僅限於各個部分之和。專家總能輕而易舉地解釋刺豚鼠和巴西果樹之間的直接關係，用因果結構來描述。但是，就熱帶雨林這個整體而言，我們必須將所有現存的相互作用考慮在內。如果刺豚鼠停止撒種，會產生怎樣的後果呢？一旦一種植物的生長發生了變化，那麼對其他的動植物而言又代表著什麼？一個變化的影響總是由許多其他變動因素共同決定的。

◆只有事後回顧複雜系統時，我們才能夠描述出其中的因果關係。

在我們工作的組織中，多數情況都是錯綜複雜的。它包括了變化和不可預知的因素，管理如是，銷售改革和新產品的上市亦然。

相對於困難系統，複雜系統或情況的關鍵特徵是什麼？極其重要的一點就在於它的不可預測性。我們無法對它的現狀或是未來進行全面的描述，只有在事後回顧時，才有可能找到並說明其中的因果關係。

通常在事後我們才能說，某一個新產品在市場上是否推動了銷售額的增長，才能判斷銷售改革是否達到了預期的效果，也才能瞭解管理上的變革帶來了哪些影響。儘管我們深信可以對情況進行分析預測，但追根究柢，這不過只是我們不願正視的幻想而已。因為承認它，就代表分析法在複雜系統的決策中不再有效，取而代之的是試驗法。

試驗法？是的，你沒有看錯。在一個無法預先判定因果的情境中，我們必須要去檢驗和嘗試，在觀察結果之後進行決策，才能強化想要達成的預期目標，削弱或中止不期望產生的後果。從中，我們可以積累經驗，並將它運用於新一輪的試驗中。但無論如何，我們都無法確保能夠準確地達成某種結果。

◆ 無法預估因果時，我們必須開始試驗。

長時間以來，蘋果公司已經成為成功和創新企業的代名詞。提到它，人們第一時間會聯想到 iPhone、iPad、iPod 和 Macbook 等一系列在市場上大獲成功的產品，當然它們只是公司整體構思的一部分，蘋果一直遵循著明確的產品戰略。儘管如此，我們依然可以找到一些蘋果不那麼成功的新產品和新嘗試。比如蘋果的第一款音樂手機並不是 iPhone，而是「Rokr」，二〇〇五年它問世時，人們可以通過 iTunes 將一百首歌同步到手機中，但上市一年後蘋果就放棄了這款產品。為了建立一個共同的企業系統，一九九二年蘋果與ＩＢＭ合作，並為此成立了 Taligent 公司（取了天才「Talent」和智力「Intelligenz」兩詞的一部分合併而成）。但這一構想並未碰撞出新的火花，公司在一九九五年悄然消失。

同年，蘋果還在電視遊戲主機市場試水溫，它將許可開放給協力廠商生產，「Pippin」上市，但卻很快慘遭滑鐵盧。另外，不知道你是否還記得「Power Mac G4 Cube」？史蒂夫．賈伯斯（Steve Jobs）曾說，這個立方體形狀的個人電腦應該會成為「電腦設計中的頂點」。但此款產品於二○○○年上市，二○○一年便宣告停產。當然，蘋果沒有像預期中獲得成功的「試驗」產品還遠遠不止這些。

這個案例透露出的重要資訊是，要將產品成功投放到市場完全是一項複雜的挑戰，沒有人能準確地預言成功或失敗。「我們早就料到了」這句話，人們通常只會在事後說，因為那

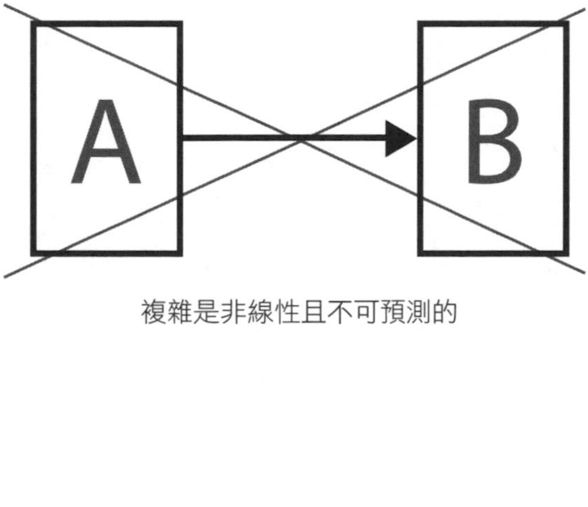

複雜是非線性且不可預測的

時的因果關係已經非常清楚了。一部手機裡存放一百首歌太少，所以 Rokr 沒有獲得消費者的青睞。而價格遠高於其他型號的立方體電腦 G4 Cube 也沒有被市場接納。

當然，我們會嘗試在成功或失敗中總結出經驗，從而想出新的策略。新策略的運用有時成功，有時失敗。其實這與策略的對錯無關，卻應證了複雜系統的本質特徵：我們總在事後才有柳暗花明又一村的感覺。純粹地將它視為策略問題則意味著，我們認為它是可預測的，就像斷定蘋果的所有「i」系列產品總能取得成功一樣。雖然事實也很可能如此，但為此蘋果公司需要時刻保持強大的適應力和勇於嘗試的精神，因為市場和顧客不是一成不變的，也無法預測。

試圖用困難情境中的方案來解決複雜情境中的問題，並不是成功的做法，也無法為創新和新產品提供良好的環境。在這一方面，最難的就是領導者和管理者思維方式的轉變。要擺脫原有的有序、可預測的環境，將試驗作為新的決策手段，這讓許多人感到十分困難，因為這與他們在過去幾十年中構建的一套管理思維幾乎背道而馳。

◇ 轉變思維的第一步在於接受複雜性本身以及它所屬的一切。

困難與複雜的管理方式

通過之前的論述，我們明白了錯綜複雜和難於處理是兩回事，兩者源自兩個截然不同的環境，而這必然會對決策和領導產生重要的影響。在兩種情境中，如何能更好地管理員工？做為領導者和管理者首先要對兩者加以區分。

你或許在日常管理中常會遇到困難的任務或問題，這時就要安排相應

困難	複雜
原因→結果	原因—影響
分析	試驗
有序的	無序的

一旦混淆，後果不堪設想

的專家，解決相應的問題。但也許不是面對每個問題時，你都能在你的團隊或企業中找到最好的專家。但沒有關係，其實你可以問問熟悉情況的員工。專家會給你提供所有可能的分析，陳述對事實的研究，並確定如預算、期限和可能的方案等框架內容。你也很有可能預先就在心中確立了一個篩選方案的標準：低成本、見效快、出色或簡單等。這就是我們解決問題的一貫方式，它沒有什麼新意，也沒有什麼特別之處。但與此同時，在對專家的管理中其實也有著挑戰。如何應對這個挑戰，我們將在之後的章節中詳細講述，在這裡我們把目光集中在複雜情境和系統的管理上。

> 我們之所以異常堅定地相信因果關係，並非因為事件依次發生，而是因為我們除了用意圖來解釋事件外，無法以其他方式來解釋。
>
> ——尼采（Friedrich Wilhelm Nietzsche）

在你的團隊中，是否大部分的員工都是精通專業領域的專家？如果是，當然很好，但請你設想一下遇到問題和挑戰時的情況。有時，專家在錯綜複雜的領域會遇到一些困難，他們無法很好地處理不確定或不可預測的情況，因為他們習慣分析法，追求明確的因果關係。要求不擅長應對瑣事的專家立刻通過試驗的方式進行決策，的確有些勉為其難了，因為在錯綜複雜的領域解決問題也可能代表著尋找之前從未有過的全新方案。

◆ 問團隊中的專家：「情況怎樣？」而不再是「是否可行」，這樣才能充分發揮出他們的潛能。

電影《阿波羅13號》（*Apollo 13*）就是非常生動的例子：有個場景是專家們必須在時間緊迫的情況下將二氧化碳過濾裝置與空氣淨化系統相連接。但其中一個接頭是方形的，另一個則是圓形的，連我作為門外漢都知道不可能，但這關乎太空艙內太空人們的生死存亡，所以無法輕言放棄。地面上的專家們拿到了空間站裡各種各樣的材料，接到儘快找到解決方案的任務。最終，專家們終於利用太空衣和塑膠找到解決辦法。

當然在日常生活中，我們很少像阿波羅13號任務控制中心的專家們一樣置身於如此巨大的壓力中，但這個案例還是非常值得我們在團隊任務分配和整合小組時借鑑思考。面對錯綜複雜的問題，你需要保證團隊中專家和非專業通才的人數均衡。非專業通才對知識的瞭解可能不夠深入，但他們卻能找到事物之間的關聯，注意到彼此之間的相互作用。而他們由於缺乏專業背景而提出稍顯天真的質疑，卻恰恰能激發出富於創意的新想法。

顯而易見，在錯綜複雜的情境中進行管理時，人們無法提前做、提前說或提前想，因為這無法做到，也無須做到。

◆ 更確切地說，管理就是營造「合適的」環境，並恰當評估系統。

要優化複雜環境，就要訂定正確的規則和框架。一整套清晰、透明和易懂的規則確保自組織的運轉，讓它能夠自我調節。魚群與鳥群也正是這樣運轉的（參見前一章），它們遵循的簡單規則如下：

- 朝著視野範圍內的中心方向移動。
- 一旦與其他個體過於靠近，就離開並保持一定距離。

• 移動時與周圍個體保持大致相同的方向。

當然，管理複雜的系統沒有放之四海皆標準的規則。你必須自己探尋，哪些簡單規則能為組織帶來成功，並不斷地調整。世上沒有任何一套固定的規則可以直接套用到實際情況中。一旦情境、團隊或任何一個條件發生改變，就可能必須調整相應規則，以達到組織的自我調節。作為領導者，上司往往給予了你一定的支配空間。對此你應該加以利用，盡可能地和團隊成員一起確立各項規則。對於無法回避的問題，預先訂定規則。充分發揮出支配空間的作用，在試驗中找到最佳的模式。

你應該要注意

- 在許多組織中，複雜性專有概念的使用是一大難事。諸如「檢驗」、「試驗」和「不透明性」等都與組織文化不相符。
- 嘗試使用不同的概念，你將能搭起困難和複雜兩個世界的溝通橋梁。
- 對員工不採取硬性規定，而是邀請他們共同參與。

・無論是員工，還是你的管理，只要還害怕處理複雜性，或者在這個問題上碰過釘子，上述理論都適用。

不少人問我，這樣做是否真的可行，這個方案是否適用於每一個員工。我的回答是：「是的，能行得通。」自組織的一個典型案例就是斯圖加特（Stuttgart）的 Vollmer und Scheffczyk 公司。這家小諮詢公司是目前德國為數不多的運用這種管理模式的組織。

如果我說，在機械製造領域實現成功的企業諮詢管理是一件複雜的任務，你一定會贊同吧。讓我們先詳細瞭解一下它們的合作模式。公司領導階層認為，獎金制度這種商業慣用的員工操控方式從長遠來看只會導致個人利益的最大化，因此公司決定採用一種全新的方式。在 Vollmer und Scheffczyk 公司，每個員工不僅能自己決定薪水，還能自行決定何時休假，休多久假。但他們要向其他員工說明情況，所有細節都是透明的。

自然而然地，這種制度在公司內部引發了深入討論，這也是公司希望看到的。最後的結果就是，薪資水準會有一定程度的下降。因為每個人在任何時候都能瞭解公司帳務，進而掌握公司營運情況，而每個員工的自我責任感也隨之提升，因為他能清楚知道，公司目前是否能負擔他既定的薪水和休假。在這種模式中，一定也會出現一些把謀取個人利益排在首位的人，但這種人不久就會被「系統」排除在外，或自願辭職離開。能夠長期留下來的都是贊同這種責任方式，能夠適應它，且思維靈活的人。當然，這個例子可能並不適用於所有組織，它只是提供了其中一種可能的途徑。我們將在〈陷阱9〉這一章節中詳細討論群組織的類型和方案。

管理一個複雜的系統代表著推進自組織建設，強化自我管理。領導者和管理者屬於主管機構，負責評估判斷，並在必要時進行一定的干預。干預時，沒有必要抓住每一個異常的情況，關鍵在於修正系統的整體方向，評估系統是否正在朝著目標的正確方向發展，是否實現了相應的成效。達成目標的方案將不再是既定的，而是由團隊中所有的員工共同尋找。他們必須要共同參與，勇於提供觀點並嘗試，勇於面對可能出現的失敗。

◆ 失敗是尋求新的解決方案及促進創新發展的必經之路。

以上這一點適用於經驗相對缺乏的組織或團隊。如果說試驗或檢驗是決策工具的話，那麼不容犯錯的理念就是不合時宜的，因為這意味著又退回到了命令和控制的老套上。試驗法應該對錯誤和未曾預料到的結果有較高的容忍度，否則嘗試也僅僅是嘗試而已，一切都會以傳統式的判斷而告終。在運用試驗法的過程中，你可能會暫時性地陷入困境中，因為複雜的系統並不會因你而停滯不前，它處於不斷的發展中，其變化之快可能會超出你的預期。所有這些都對管理者和領導者提出了更高的要求，你需要有直接面對不確定性的勇氣，同時成為溝通不同環境情況的橋梁。在錯綜複雜環境中以下幾點因素最重要：

- 允許犯錯。
- 允許並鼓勵討論。
- 允許關係網絡的存在。
- 允許在失敗中學習。

本章重點摘要

- 難於處理和錯綜複雜是兩回事。
- 困難系統是可預測的，有多種可能的解決方案。
- 在事後回顧時，才能描述複雜系統中的因果關係。
- 犯錯是解決錯綜複雜問題的途徑。
- 錯綜複雜的系統是一個自組織。
- 自組織需要簡單明確的規則。

陷阱3

專家能搞定

你上一次找工作，讀徵人啟事是什麼時候呢？首先會留意的內容是什麼？十有八九是一條條對能力和資質的要求吧？你一定會在心裡默默權衡，自己的專業知識是否和要求相符合，因為你是專家，而招聘的正是專家。通常公司要招聘的是某個專業領域資質深厚的專家，這點往往會表現在職位名稱裡，也可在啟事中「需要具備的能力」一欄中讀到。

例如某家汽車工程技術服務商要招聘一名「軸和齒輪方面的專家，男女均可」，工作任務為齒輪、軸和輪轂銜接相關的設計。此外，職位的要求還包括工程相關學系大學學歷，掌握汽車領域專業知識，瞭解齒輪和軸在批量生產中的規格要求等（如原料選擇、熱處理和殘餘污垢處理等）。很明顯，這裡要找的就是專家。

當然你也會在徵人啟事中讀到諸如靈活性、敬業精神、抗壓力、面對顧客的展示銷售能力和團隊精神等字眼。但說實話，這些通常都不是關鍵字。在面試中，深入談及和考量的往往是專業領域，因為每個雇主都希望能謹慎行事。最壞的情況就是應徵者並不是一個完美無缺的專家，這就有些糟糕了。但靈活性、敬業精神等在工作環境中究竟代表著什麼？作為應徵者，他是否真的具備這些能力？對於這些問題，其實人們往往很少或完全沒有考慮到，這都只是軟性因素（soft factor），而專業能力才是最重要的，不是嗎？我們對此深信不疑，而這種情況也可能會繼續持續下去。

這不由得讓我聯想到德國一些身居要職的政客。在內閣中，各個部長職位和專業知識的匹配情況如何呢？的確有幾名「跨職能部門」的部長不論是什麼職位都會接受，例如馮・德萊恩（Ursula von der Leyen）。她在大學攻讀的是國民經濟學和醫學，一開始擔任家庭事務、老年、婦女及青年部部長，後來又出任了勞工及社會事務部和國防部部長。健康部長也曾虛位以待，但被她拒絕了。有些評論尖刻地指出，是因為她出任這個職位「得不到什麼好處」。

但是回到資質這個問題，直到馮・德萊恩出任國防部長時，我還是沒有從她身上找到與「具備紮實專業技能」相符合的地方。國民經濟學和醫學與國防的關係可謂是風馬牛不相及。同樣地，我們還有一名擔任食品和農業部長的法學家，以及一名專業為財務管理的家庭、老人、婦女和青年事務部部長，而經濟事務和能源部部長曾是一名高中教師。在這裡我真的要恭喜我們這些部長了，因為在「現實」生活中，他們可能在第一輪篩選履歷時就會慘遭淘汰。淘汰原因：缺乏專業知識。

也許我們不應該把問題看得如此狹隘，因為這畢竟是政治領域，涉及的都是真正重要和有深遠影響的決策，而非某個公司的某個職位，兩者在本質上就有顯著區別。但上述例子也說明了，一旦掌握了某項專業技能，即便轉換了工作領域，也是依然有用處的。所以，馮·德萊恩早年推行家庭友善政策，而後來她的政策也惠及了聯邦國防軍。

好吧，可能我們在過去這些年已經逐漸瞭解和接受：要做好一個工作，專業知識並不是全部。除了專家，我們還需要其他的，比如非專業通才。不少企業似乎也意識到了這點，並馬上將招聘職位的名稱從「某某專家」改為「某某通才」。

比如最近某家大型ＩＴ企業正在招聘一名「ＩＴ進程顧問通才，男女不限」。如果不繼續往下讀，並不會覺得這有什麼問題。但通篇讀完，便會恍然大悟，原來這家公司要徵的人簡直是需要十八般武藝樣樣精通！其工作職責從銷售支援到專業研討會，從管理錯綜複雜的專案再到專案組合管理。當然，也少不了ＩＴ職位中常見的專業要求，比如大學學歷（或同等學力）以及至少五年的工作經驗。

接下來，徵才啟事中還羅列了一些對能力的要求。如果你認為，這個職位不要求深厚的專業功底的話，那就大錯特錯了。除了專業知識外，應徵者還需掌握各種不同類型的方法和工具。讀到這裡，它早已和「通才」這個概念相去甚遠了。該企業要尋找的，說到底還是一名專家，或者說能解決各種跨領域問題的專家2.0版。

要找到這樣的人很難，因為首先，專家們通常喜歡或僅僅在自己的專業領域工作，承擔一個職責清晰的角色。其次，通才就是通才，他並不是專家的升級版。再者，通才這個字眼一定嚇跑了不少應徵者。在一個如此信賴專家的社會（當然政治領域除外），沒有人想成為一個非專家。

實際上我們會如何招聘這個職位呢？當然還是要看應徵者是否真實具備相應的專業知識。第一輪篩選會在實習生中展開，確認履歷和招聘條件相符很容易。接下來我們會想，在這些人中，只有專業知識達到要求，才能獲得這個職位。我們也相信，只要有對的專業知識，就能做出成績。那麼問題來了，這是否代表只有找到合適的專家，才能獲得成功？很顯然，我們都還不清楚這點。

我們的身上多少都有專家的影子，不是嗎？

你是哪方面的專家呢？我猜，你至少會給出一種答案吧。最晚在職業生涯階段，我們所有人都慢慢成了專家，變得越來越專業化。早在高中時期，我們就開始選擇專業課程，開啟了專業化進程（即便當時的選擇並非完全出於自願）。接下來的培訓和大學教育又讓你在專業領域持續發展，從而成為一名企業管理、法律、資訊學、醫學、汽車行業或電子學等領域的專家。

各類媒體總會給人這種印象——專家們總能提供意見、發表觀點。他們會在報導、文章和脫口秀中侃侃而談，即便是再困難的問題，也都能迎刃而解，強大的分析能力和淵博的學識令人印象深刻。因此你認為，專業知識對職業發展有著至關重要的作用。大學畢業後，你已經掌握了一定的專業技能，並希望由此找到一份合適的工作，而許多職位也無一例外地向專家拋出了橄欖枝。因為你早就自認為是專家了，於是便從事了一份專業度較高的工作。為了更好地完成工作，接下來你會繼續不斷地提升自己。至此，你的專家生涯發展藍圖已經逐漸清晰，你將會收穫你所追求的認可、事業、金錢和影響力。

我們總是堅信，專家在工作中一定能做出成績，而幾十年來一貫的觀點就是，深厚的專業知識能力是解決問題和激發新想法的保障。在這種觀念的影響下，我們成長，接受教育和培訓，在世界變得更難以應對、更專業化的時代，我們依然還是把注意力都集中於此。

這當然有它的優點，當你身體不適的時候，一定會找到相應的專家而非家庭醫師看病；汽車故障時，你也會把汽車送回原廠或可信賴、有維修能力的地方；想要運動時，我們會找在某種運動項目上有專業資歷的教練；閱讀時，我們會挑選著名專家的著作，而不會去讀一本門外漢撰寫的關於人力資源策略方面的書。我們只相信專家，所以也願意讓自己成為專家。

畢竟，專家精通某個領域的專業知識，或對某些主題有深刻的見解。他們是好的分析師，掌握各類不同的解決方法。憑藉多年的經驗，他們對某些領域中的某些問題應對自如。這帶給我們安全感並讓我們相信，所有一切都能順利進展。沒錯，這就是專業知識的好處。但與此同時，它也有可能造成另一個重大誤解，即專家能解決我們目前錯綜複雜的問題。

別去盲目崇拜告訴你這句話的專家：「親愛的朋友，我二十年來一直這樣做！」因為人有可能二十年都在做同一件錯事。

——庫爾特・圖霍斯基（Kurt Tucholsky）

專家眼中的世界永遠是困難的

讓專家感到如魚得水的領域，是「難以應對」的環境。他們用分析法解決各項任務和問題，「如果……那麼……」是他們的思維模式。即便面對徹頭徹尾的難題，專家也能憑藉一連串的「如果……那麼……」應付自如，並發揮創造性的思維。但關鍵是，專家們總愛採用線性思維，並提前做出預估。而事實上，這些都是困難狀況的特徵。鑑於你已經對困難與複雜的區別有所瞭解，因此僅在此羅列幾個要點。

困難情況：

- 有明確的因果關係。
- 是可預估的。

- 有多種解決方案。
- 可以通過分析法進行決策。
- 需要專業知識。

我們掌握和學到的思維方式和解決問題的方法完全適用於困難的問題。一旦問題涉及我們的專業領域，我們就能充分調動和利用所掌握的知識和經驗。一名真正的專家通常只活躍在他擅長的領域，而這正是問題的關鍵。他們習慣於同種思維模式，會下意識地採用這種方式，卻忽略了這究竟是一個難於處理的、錯綜複雜的還是簡單的問題。錯綜複雜的情況無法預估，而其中的因果關係只有在事後回顧時才能清楚顯現。因此，分析法就不再適用了。

通常在專業領域，專家們總能事先博得我們的信賴，因為我們認可他們的能力和專業背景，覺得他們是可靠的。這種信念給予我們安全感，讓人感覺到如釋重負。如果行銷專家透過分析得出了拓展新客戶的必要，那我們可能就會馬上讓他全權負責（至少會有這樣的念頭）。即便這個方案失敗，我們也能完全置身事外。此外，專家還滿足了我們對簡單的渴望，因為他們解釋了世界怎樣運轉，又該如何去解決問題。所有一切聽上去是如此真實可信，所有的分析也是如此言之鑿鑿，讓我們能撥開迷霧。我們總相信，專家是不會出錯的，但這正是需要當心的地方。

專家也會犯錯

大多數人都認為，專家非常精通他們的專業，所以其預測和分析都能切中要害。但事實上，已有大量的例子駁斥了這一觀點：

兩年內，我們將不再受垃圾信件的困擾。

——比爾・蓋茲（Bill Gates, 2004）

iPod 活不過明年耶誕節，它最終會被淘汰。

——英國富商，艾倫・休格（Alan Sugar, 2005）

電子信件不是一種可以用於行銷的工具。

——加拿大夏普公司負責人，伊恩・夏普（Ian Sharp, 1979）

電視機會在進入市場後全軍覆沒，怎麼會有人無聊到每天晚上都盯著這倒楣的木頭盒子？

——二十世紀福斯總裁，達爾・柴納克（Darryl F. Zanuck, 1946）

汽車只是短暫潮流，馬匹才永不過時。

——密西根儲蓄銀行行長（1903）

你可能會說：「這只是一些特例。」其實不然，因為這些恰恰就是「專家陷阱」最好的例證。如此聲名顯赫的專家也會犯錯，而一旦我們走入了下列思考陷阱，就要為專家們的錯誤買單。

・**過度自信：**

人們自認為知道的，總比實際知道的要多，總會高估自己和自己的知識含量，比如預測能力就屬於所謂的「過度自信」效應。專家往往都有高估自己的傾向，這就導致在訂定計畫時過度樂觀，實際工作中樂極生悲。

・控制錯覺：

我們常在各種會議室和辦公室中聽到這句話：「所有一切都在掌控中。」事實真的如此嗎？我們真的掌握了所有的一切？當然不是。很顯然地，很多事情的發展往往並不能如我們所願。但即便我們知道事實上不可能，卻也總習慣於相信自己的掌控能力。因為在面對混亂不可知的情況時，這樣做可以帶給我們一種安全感並且自我調整（self-regulation）。有意識地去做一些你確實能發揮影響的事吧，誠實面對在你能力範圍之外的各種狀況。

・後見之明偏誤（hindsight bias）：

作為專家我們總相信，自己的預測是準確的，畢竟我們專業、也有資深的經驗。但有時，這會讓我們過於自負，從而導致所謂的後見之明偏誤。在某件事的結果出來之後，我們在回憶時就有了偏誤，會不由自主地將事先的判斷美化為正確的。要避免這個思考陷阱比較困難，第一步要做的就是在你發覺自己在說「我早就知道」或者「我之前就說這不行」時，立即停止，並問問自己，是否又在當事後諸葛。

・可得性捷思法（availability heuristic）：

當缺少情境的基本資訊，而人們又想要做出判斷時，便會運用這種可得性捷思法。究竟是時間緊迫、人為疏忽還是管道不通等原因導致資訊不齊全，這並不重要。這時我們最快、最容易回憶起的資訊就對判斷有著決定性作用。通常我們會回憶起聲音響亮、色彩鮮豔或有轟動效應的事情。比如當我們讀到報紙文章時，往往會高估在暴力事件中受害的機率，卻低估了糖尿病的死亡率。要解決這個問題，就要常與持不同意見的人討論，對方也能夠提供他的回憶。

・歸納法：

通過觀察我們可以獲得一些普遍性的觀點，以此為依據來推出結論。例如張先生是一名ＩＴ專家，喜歡採用最新技術，那麼我們就會在心中做出推斷：所有的ＩＴ專家都會運用最新的技術手段。面對一個應該多次觀察的事物，我們卻用主觀臆測出的規律來判斷，這種評價方式將很危險。但另一方面，歸納思維中也蘊藏著巨大的可能性：人們可以通過多次觀察推出一般規律，發現基本模式，這對應對錯綜複雜的系統來說尤其重要。

但只有在人們將這個規律視為假設而非事實時，才能發揮出相應的作用。

・絕對正確：

專家們倒不是因為自信心過剩而覺得自己不會錯，而是認為必須要做到不能出錯。他們是某個領域的專家，為他人提供意見，做出決策，所以不犯錯是必要的，也是理所應當的。所以他們精密分析和考慮，一再核算和評定，自認為考慮得如此全面，不可能產生錯誤。小心地向專家指出他們可能會受到一個或多個思考陷阱影響（不僅是專家會受到影響）。專家並不一定準確無誤，這既涉及專業（比如知識漏洞），也涉及構建事實的方式（這一點不僅針對專家）。

在本章開頭，我曾提過這個問題：你是哪方面的專家？如果你也屬於其中之一，那麼或許也需要反思一下自己的思考、推斷和評價的方式，必要時也應該追根究柢。

適應和擴展適應

許多專家都將自己侷限於某個專業領域，總在自己擅長的範圍內尋找解決方案，鮮少注意到其他部分。此外，如果專家在自己熟悉的領域內思考決策，那麼人們對於安全感的強烈需求將得以滿足。但這會導致一種認知扭曲，將事物解釋為屬於我們的專業領域，即使它們完全不屬於此。

當你只有一把錘子時，所有一切看起來都像釘子。

——美國哲學家，亞伯拉罕．馬斯洛（Abraham Maslow）

當前我們面臨的挑戰是解決錯綜複雜的問題。我們希望開發新產品，推進技術發展，成功開設各地分公司，並解決全球化問題。但是，這一切僅僅依靠專家是不行的，因為他們會傾向於停留在自己習慣的專業領域。這就代表著，所謂的創新和方案都是以熟悉的狀況為基礎。簡而言之，在面對問題時，ＩＴ專家就會運用自己的ＩＴ知識，組織開發專家會提出組織層面的方案，程序諮商（process consultation）專家則會提出一個新的或調整過的流程。但在錯綜複雜的情境中，這些都遠遠不夠。

◆ 要解決這類問題，就需要一個綜合考慮的跨領域整體方案。

實現持續發展和創新，只有「適應」（adaptation）能力是不夠的。一些重要的發明和成就都並非誕生於有針對性的研究，更常是「擴展適應」（exaptation）的產物。當然，也有人把這種情況稱為偶然或錯誤。如果說「適應」具有明確功能指向的話，那麼「擴展適應」則是某種功能的轉變。如今可運用的資訊越來越多，這大大提升了功能轉變的可能性，尤其是通過跨領域的方式。只拘泥於適應能力，就很有可能被他人超越。

茶包的發明並不是包裝或茶藝專家有意為之。早在第一次世界大戰前，美國茶商湯瑪士・蘇利文（Thomas Sullivan）為了方便運輸，用一種小絲袋裝茶葉作為樣品寄給顧客。而顧客會錯意，直接沖泡整個茶包，卻意外地發現非常方便。

你知道冰棒是如何發明的嗎？一九〇五年，當法蘭克・艾普森（Frank

Epperson）還是個十一歲的孩子時，有天晚上他把一杯放了攪拌棒的檸檬汁忘在門外的走廊上，隔天早上他發現檸檬汁結凍了，但味道依然非常不錯。十八年之後，艾普森為此申請了專利。一九四〇年代，珀西．斯賓塞（Percy Spencer）致力於運用磁控管進行雷達微波研究，這項研究後來被運用在美國的戰鬥機上。當時，人們已經知道磁控管能產生熱量，但卻沒有人加以開發利用。有一天，斯賓塞在磁控管旁工作時，褲子口袋裡的巧克力條被融化了，這個偶然的發現讓斯賓塞發明了世界上第一台微波爐。

這樣的例子還有很多，恰恰說明了最巧妙的方案和想法往往並不是源於有目的的分析或系統的研發。擴展適應並非是一個結構化的過程，而是一個可以加以利用的巧合。在錯綜複雜的情境中，我們在前行時也要多留意一下周邊的事物，特別那些錯誤和疏忽帶來的後果，和那些不屬於我們專業領域內的想法。當然，在我們的組織和專案中，專家是不可或缺的，但他們同時也對我們的管理提出了挑戰。

與專家合作的正確方式

- 專家在建構他們的知識上花費了大量的時間和精力，請給予他們充分表達和運用知識的時間和空間。
- 專家往往希望他的身分能得到尊重，所以切忌引發不必要的競爭，讓他們丟臉。
- 專家希望他的專業知識和他本人能被認可，所以不要吝嗇你的賞識。
- 專家一直在專業領域追求更高的難度，因此應為他們安排對專業水準有所要求的高難度任務。
- 專家喜歡接受挑戰，給他們更有挑戰性的任務。
- 專家往往認為事情很困難，你需要阻止這種事，並慢慢引導他們不要想得那麼困難。
- 有時，專家並不那麼擅長處理複雜的問題，分析是他們最愛的方法。所以，千萬不要讓專家獨自解決一個複雜的問題。
- 支持你的專家，允許他們追根究柢，獲取新的視角和想法。

既然專家不是解決複雜問題的唯一出路，那麼我們的組織還需要什麼？答案是：那些具備不同能力、視角和思維方式的非專業通才。簡而言之，我們需要的是多樣化。

豐富認知多樣性

你聽說過紅隊大學（Red Team University）嗎？如果沒有，那麼你應該瞭解一下，因為這是成功運用多樣性策略的生動例子。當然，也因為它被運用在了一個人們沒有預料到的地方——美國軍隊。伊拉克戰爭的教訓讓美軍負責人意識到，他們並不需要那麼多唯命是從的人。這種新的觀念不亞於一場革命，顛覆了人們對於軍隊運作的傳統認知。

在上校格雷格．豐蒂諾（Colonel Greg Fontenot）的帶領下，紅隊大學於二〇〇四年在美國軍事基地堪薩斯州萊文沃思堡（Fort Leavenworth）成立。他們的目標是，將士兵訓練成為「魔鬼代言人」，從而協助指揮官，避免他們陷入常見的思考陷阱。紅隊士兵會深入考慮每一個決策，幫助指揮官認清潛在的思維模式，檢驗它的有效性。這裡首先要摒棄的就是絕對正確、過度簡化、思考僵化和團體迷思等觀念。

紅隊大學第一批畢業生不出所料地遭到質疑，被同事們冷眼相待，甚至有幾名畢業生抵達巴格達時，都無法從美方同事那裡拿到安全通行證。因為人們擔心，他們會破壞美國的軍隊系統。豐蒂諾是這樣形容這個艱困開頭的：「我們要做的就是要在內部製造懷疑，而這會使抗體迅速產生。」

儘管如此，紅隊大學的任務從來不是秘密，而他們的目標也並非尋找責任歸屬。相反，他們就像一面鏡子一樣，在評價和決策時為指揮官提供支援，從而放緩進程的節奏。他們會迅速質疑各種觀點、評價和判斷，以盡可能正確地做出決定。我們都清楚，在混亂不清的狀況中冷靜地做出正確的決策是一件多麼困難的事。置身其中，我們的視野會變得狹窄，所以只能運用自己最熟悉的知識。但在這種狀況下並不一定能做出最好的決策，而紅隊士兵的作用正是幫助指揮官在決策時拓寬視野。

萊文沃思堡的訓練是艱苦而深入的。在為期十八周的課程中，參與者每晚都要研習二二〇頁左右的資料。他們要學習重要的軍事理論、防禦恐攻和反破壞知識。無論東方哲學還是二戰個案研究，這些都包含在他們的談判策略、創新思維和行為經濟學等教學大綱中。紅隊大學的課程研發員鮑伯·托平（Bob Topping）說：「我們希望畢業生能明白，他們之前的視野有多麼狹隘，只是井底之蛙而已。」

這正是紅隊成員在實踐中所希望傳達的一種觀點。但負責人也意識到，這種方式與現存的軍隊文化背道而馳，而紅隊的工作範疇也應有所侷限。他們要做的是協助指揮官做出正確的決定，並非去質疑指揮官本人，因為這會對他們的主見和可信度產生致命影響。如果指揮官過於堅持，那麼就有可能導致雙方無法達成一致，從而陷入僵局。為了避免這種狀況的產生，紅隊成員需要時常反思和思考自身的看法和思維方式。

通過他們的方案和工作，紅隊大學一次又一次地證明了自己。這個專案已經進行十年，而且很有可能會繼續推進。由於它的認知多樣性，對非軍事組織也非常具有借鑑意義，也豐富了思維和觀察的方式。

每個組織都要擁有「紅隊」的六大理由

- 可以通過不同視角觀察錯綜複雜的情況，從而做出好的決策。
- 擁有各種反思觀察和判斷的工具和方法，此外他們還掌握不同框架下理論模型的背景知識。

- 無論是計畫、方案、流程還是組織，紅隊都可以幫助你豐富選擇的多樣性。
- 可以促進批判性和創造性思維。
- 無論在戰術還是戰略層面，紅隊都具備優異的分析能力。
- 能讓人發現過時的行為方式和結構。

認知多樣性豐富了各種觀點，同時增加了行為方式的可能性。如果多樣性出現在團隊中，那就會產生多種結果，而這正是成功應對複雜問題的必要條件。一個複雜系統中的多樣性可以理解為相互作用的數量以及困難程度，控制論的一個核心理念就是多樣性定律。威廉·羅斯·阿什比曾清楚說過，如果一個系統控制著其他的系統，能調和的干擾因素越多，那麼自身的多樣性也就越豐富。那麼，在現今組織中的情況是怎樣的？讓我們先來看一個歷史上的著名案例吧。

一七六八年八月二十六日，庫克（James Cook）船長駕駛著「奮進號」

（Endeavour），開啟了南太平洋探險之旅。船上共載員九十四人，背景各不相同。其中有六十二個英國人、七個愛爾蘭人、五個威爾斯人、兩個非洲人、三個北美洲人、兩個巴西人、一個芬蘭人、一個瑞典人、一個義大利人和一個大溪地人，包括八名軍官和七十七名海員，此外船上還有九名科學家，不同背景也使他們對宗教和政治有不同見解。

每個團隊中總會有差異、不同視角和觀點。面對這種情況，人們最常選擇的一種方式就是緘口不言。通常而言，這並非出於惡意，而是源於對和諧穩定狀態的需求，或儘快達成目標的願望，但這些差異可能會導致極大矛盾。由於人們未加重視，問題產生時就會導致進度延滯。雖然不願談及這些問題，但是它依舊存在。如果沒有在適當的場合加以解釋（如磋商和會議等），那麼問題總會在別的時候顯現出來。

在這種情況下，小團體就開始出現了，同時出現的還有午休時的流言蜚語和茶水間裡的竊竊私語。由於長期缺乏交流和相互理解，人們開始有所顧忌，在交流資訊時顯得謹慎而又小心。而資訊交流不暢同時又加深了複雜狀況中的不透明度。

只有透過相反意見的碰撞才能展現真相。

——法國哲學家，愛爾維修（Claude Adrien Helvetius）

那麼究竟應該怎麼做呢？是否要將一切想法都開誠布公？可惜事實並沒那麼簡單。首先，人與人之間需要坦誠和尊重，每個人都要學會去接受並珍惜團隊中的多樣性。有時，即便對差異給予了足夠的重視，也依然有導致矛盾衝突的可能。多樣性的關鍵不在於我們是否討論它，而在於只有保持對多樣性開放的態度，才能學會如何應對。只有經過討論，才有可能充分利用資源，促進團隊和個人的發展，而它的前提就是信任。要塑造一個有活力的多樣性環境，就必須注意以下幾點：

・**開放性**：

－對新鮮的思維方式和體驗保持興趣

－時刻準備聽取他人的觀點

－重視他人的意見

- **邀請：**
  - 熱烈歡迎新同事
  - 願意分享新同事的觀點
- **尊重：**
  - 確立共同的價值觀
  - 對他人保持尊重和寬容
- **理解：**
  - 反思自身的行為和思維方式
- **自我知覺（self-perception）：**
  - 注意團隊中的差異性
- **溝通：**
  - 注意團隊中的語言模式（如概念、慣用語等等）
- **提倡個體：**
  - 避免團體迷思
- **提倡討論：**
  - 積極參與團隊內討論

本章重點摘要

- 我們都被教育或培訓成專家。
- 困難狀況是專家的專業領域。
- 困難問題是線性的，通過分析法可以得以解決。
- 應對錯綜複雜的問題需要不同的觀點、視角和見解。
- 有活力的多樣性環境需要信任和開放。

不許出錯

陷阱 4

你知道馬盧・德雷爾（Malu Dreyer）嗎？如果不知道，我想先介紹一下她。她是萊因－法耳次邦（Rheinland-Pfalz）的第一位女邦長，二〇一三年繼庫特・貝克（Kurt Beck）之後走馬上任。作為一名法律專家，她曾在貝克的內閣中擔任過勞工、福利和家庭部長。二〇一三年秋，德雷爾意外地成名了，儘管她本人不願意，但她的名字卻佔據了德國各大主流媒體的版面。

究竟發生了什麼事呢？原來在二〇一三年九月六日，德雷爾寫了一封信給總理梅克爾，希望就國安局事件在聯邦和州之間展開首長對話。信的內容沒有什麼問題，但是信中卻出現了書寫錯誤。你覺得自己讀錯了？沒有，德雷爾女士的確在致總理的一封信中犯了正寫法（Orthography）和語法錯誤。據《圖片報》（*Bild*）報導，錯誤一共有六處，但《明鏡週刊》（*Der Spiegel*）網站卻稱找到了八個錯誤。

和以前一樣，這起「醜聞」鬧得很大。《世界報》（*Die Welt*）甚至刊登了這封信的複本，用紅筆標示出錯誤，並在邊上加以批注，儼然一派資深教師的作風。一夜之間，各種尖酸刻薄的批評聲、質疑聲和問責聲鋪天蓋地，不僅針對德雷爾，還有她的同事們。媒體提出了很多疑問，如「信是由誰起草的？」「事情是如何發生的？」「到底誰應該對此負責？」「這件事究竟有多尷尬？」等等。對此我不以為然，難道這樣就可以解決問題了嗎？

當然，無論是寫給誰的信，如果不出現錯誤當然是最好的。但說實話，這個事件只是更加清楚地顯示出了我們在「犯錯」這件事上的態度。無論在書信、行動、表達還是決策時，錯誤都是不允許的。一旦我們發現他人身上的錯誤，就會立刻變成「教師症候群」拿起紅筆，圈圈點點，說道：「錯了！」除了這個，我似乎找不到更好的方法來解釋《圖片報》刊登那封信的做法。畢竟我們在學生時代都曾被教育不要犯錯，如果不犯錯，我們就會走上正確的路。學習如此深刻，還把它運用到了我們的人生中。

念書時，你是否也曾經拿回過一份「滿江紅」的作業？我也一樣。當然，你一定也瞭解那種感受，比如在黑板前答題出錯時被全班同學嘲笑。或許你也對父母看到那份「不怎麼樣的」聽寫作業時意味深長的目光和嘆息聲記憶猶新等等。

「這錯了。」「這不對。」「你錯了。」「你不對。」在學生時代，這些話就像對錯誤的裁決一樣，一直迴響在腦海中。當然這是很久之前的事了，但是對很多人來說，「不要犯錯」已經內化成一種態度，根深蒂固，並一直影響著我們的行為。啟蒙教育只是第一步，在之後的培訓、大學抑或公司中，這種面對錯誤的原則被一遍遍地僵化：錯誤是不被希望、不被允許，也是會被懲罰的。

在政壇上，我們可以看到成年人面對錯誤最「經典」的處理方法。二〇一一年二月十八日，時任國防部長的古坦柏格（Karl-Theodor zu Guttenberg）站到了一群精明能幹的媒體代表面前。當他試圖向媒體解釋其博士論文並非抄襲時，這位平時巧言善辯的基民盟（CDU）政客卻顯得猶豫不決。在談及欺騙、抄襲和自己的時候，他既沒有看鏡頭也沒有看記者，而是每次都看向了地板。

古坦柏格在聲明中說，他的論文中有錯誤，但是沒有說自己犯了錯。在聯邦議會的多輪談話中他也沒有說過：「我犯了錯」或「我做了錯事」。每當他提及自己的時候，他總會切換到客觀冷靜的「男性模式」，刻意與談話方保持距離。他不承認錯誤，力求給人一種他為此而感到羞愧的印象。而那時，觀眾們已經被激怒了，認為：「他當然應該為自己的所作所為感到羞愧！」

古坦柏格的行為讓人感到遺憾。事實上，我真想向他大喊：「現在明明白白地說清楚吧，真讓人受不了！」承認錯誤代表著承認欺騙的事實，所以古坦柏格終究不願認錯。最後在一片流言蜚語聲中，他宣布辭職。我們感到非常憤慨：「事情不能就這樣算了，他如此無知又傲慢。其他人都在努力工作，而像他這樣的貴族出身……」而當時的教育部長夏凡（Annette Schavan）也表示她對國防部長的行為「感到羞愧」。但兩年後，她也因為博士論文的問題面臨著同樣的指責。

在古坦柏格事件的前後，出現很多類似情況，每次都是政治醜聞，只不過主角不同而已。我們可以從中學到什麼呢？在犯錯時，人們往往會先表示憤慨，進而否認，並試圖分散和轉移他人的注意力，然後才承認錯誤、接受懲罰。簡而言之：犯錯了別被發現，否則可能會激起眾怒！因此，最好的做法就是不要犯錯，最起碼別承認錯誤，這點我們早在學生時代就學會了。但事實上，如今在政治經濟領域所上演的也不外乎於此。雖然我們希望擁有更真實可信的政治家和商界英才，但醒醒吧，這就是現實！

為何我們害怕犯錯

錯誤產生時，我們的第一反應就是馬上找出相關的責任歸屬，並下意識地問自己：「究竟為什麼會這樣？」緊接著就會思考未來該如何避免這種問題。至於導致問題的根本原因，如產品沒有充分發揮作用、某位同事沒有及時傳達訊息、技術系統故障或是專案未能如期進行等，都不重要。一旦找到「犯錯者」，人們就會立即做出適當的懲罰，以為這樣就可以重新恢復秩序，高枕無憂了。只有當犯錯者對自己的行為羞愧難當，發誓下次一定會更注意時，其他人才能安下心來。

「點名—指責—羞愧」這幾乎已經成了一種條件反射。所有的錯誤、誤解和偏差幾乎都只歸咎到個體身上，毫無疑問，這個人是有責任的，而且應當為此「感到羞愧」。對其他成員而言，這種看法不僅有效地證明了他們是「無責任的」，更是簡單和線性的。如果能迅速找到一個理由、原因或責任歸屬，就能給人一種安全感，但這種安全感只是一種假象，因為在這裡我們自己也是「犯錯者」，認為因果關係必然存在。

但我們為何無法擺脫「點名—指責—羞愧」這樣一種迴圈？因為從小

我們就知道，做了錯事是不會被認可的。更糟糕的是，還有可能被人排擠。犯錯者要為自己的行為買單。為了避免經歷或再次經歷這樣的局面，他們往往會避免犯錯。人的基本需要之一就是歸屬感和認同，所以被排擠是最嚴厲的一種懲罰形式了。這就意味著在日常工作中，我們寧願中規中矩地完成任務，也不願鋌而走險地去犯錯。

> 在我的職業生涯中，我大概投偏過九千次，輸掉過大約三百場比賽，投歪了二十六次決勝球。我總在不斷地失敗，但這也是我成功的理由。
>
> ——麥可・喬丹（Michael Jordan）

麥可・喬丹的這句話源自他強大的自信心，毫無疑問，這位傑出的運動員對自我價值有著非常清晰的認知。他知道，自己成功或失敗的原因是什麼。他也認識到，自己在專業領域也會經常犯錯，因為人不是機器，籃球也是一項複雜的運動。對大多數人來說，要理解喬丹的這句話並不難。

但是實際應用到組織管理的情境中，你又該如何看待這個問題呢？比如所要達成的目標是實現某種市場佔有率或銷售量，或涉及研發新產品及公司重組時，這種「失敗是成功之母」的觀點是否依然適用呢？你或許會認為：「這是兩碼事，不能將它們相提並論。」但事實上，領導和管理與打籃球一樣，都是複雜的任務。要在錯綜複雜的情境中實現成功，就要不斷地去檢驗行動方式、過程、材料和言談等，而這些方式都有可能導致錯誤或未曾預料的狀況產生。

因為對此我們依然心有餘悸，所以更願意去遵循一定的行為模式。比如用不犯錯或不認錯的方式來保護自己的自我價值觀，這在我們的組織中是一種普遍存在的現象。對犯錯的羞愧心理以及對懲罰的擔憂驅使我們寧願否認而非承認錯誤。處理錯誤的方式儼然已經成了企業文化的一部分，也是我們必須馬上要學會的「隱性規則」。

公司文化決定了處理錯誤的方式

在關於錯誤處理方式的「錯誤文化」中隱藏中一種強烈的矛盾心理。一方面，公司文化的準則中總會出現這樣的話語：「我們對錯誤持開放和建設性的態度」，或是「我們在錯誤中吸取經驗」。但事實卻是一旦犯錯就會受到懲罰，而犯錯者也會被指責。我們所有人對錯誤的態度和處理方式總是受到兩方面的影響：組織的「錯誤文化」和我們個人對「犯錯者」的態度的社會化體驗。

你和你的組織對錯誤的處理方式是怎樣的呢？請誠實作答。

	是	否
我們在錯誤中吸取經驗。		
即便面對上司，我也會為自己團隊中的錯誤承擔責任。		
面對錯誤，我們在意的是所產生的損失。		
我們會花大把力氣尋找責任歸屬。		
我們聚焦於如何在未來避免類似錯誤的產生。		
公開承認錯誤的同事會得到認可。		
我本人會承認錯誤，而非推諉給他人。		
錯誤是一種重要的回饋形式，有助於未來的發展。		
從錯誤中吸取經驗比一成不變地維持原狀要好。		

「不許出錯」的信念不僅有礙於人們在複雜情境中的行動，更是成功路上的一大障礙。在這裡有必要再提醒一下，我們之前提到過，面對複雜的情境或問題時，傳統的分析法並不能幫助我們決策，試驗法才是應當採取的方式。在一個無法預計未來狀況的系統中，管理者可以施加一定的刺激，去激發更豐富的行為，這就屬於試驗法。接下來可以評估這種行為，如果符合預期就可以強化，反之則可以採取相應的干預措施。這既是反應，也是決策。其實，在很多情境中的決策流程都是這樣進行的，只不過我們沒有意識到而已。

◆ 我們需要犯錯，否則將無法應對錯綜複雜的狀況。

團隊拓展就是將試驗法作為決策基礎的一個很好例子。如果一個部門中發生變化，那麼領導者們常常會舉辦一些團隊活動，讓團隊成員增進感情，建立並強化「我們」這種集體感和歸屬感。活動的形式豐富多樣，比如做木筏、開遊戲賽車和團隊烹飪等。但只有在事後我們才能判定，活動是否對團隊經營達到預期的效果是無法預測的，沒有人能夠預先判定事情和行為或想法之間的因果關係。

但是公司的要求常常與此背道而馳，他們會說：「親愛的主持人／顧問／教練，請你籌辦活動，讓我們的團隊能這樣想、那樣做。」有時候人們會容易誤以為人的思想是可以被決定的，所以至少從嚴格意義上來說，這種預期效果無法獲得認可或被承諾實現，畢竟行為和思維模式只有在活動過程中或之後才會慢慢顯現。如果這種模式和預期相符，那麼恭喜你，你太幸運了。如果兩者不符，那麼人們往往會認為是主持人或顧問的問題。一個不合適的主持人，在一個不

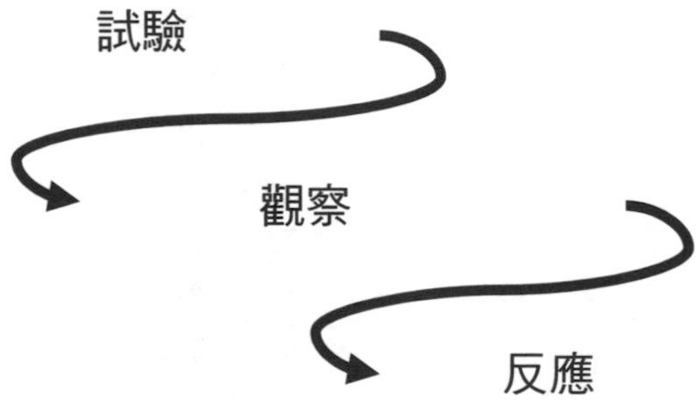

用試驗法代替分析法，能更好地進行決策

合適的團隊中主持一項不合適的活動一定要為活動的失敗承擔一部分的責任，但也僅僅是一部分而已。在這個時候，放棄指責，聚焦於團隊中可見的行為和溝通模式會更有意義。你可以給出刺激，然後觀察和評估所出現的模式，並對此做出相應的反應。要應對錯綜複雜的問題，你將會不斷地碰到現有模式和預期的不相符，甚至出現錯誤的狀況。

你所面對的一切改變、問題和挑戰都是高度複雜的，像是上個季度業績不佳，董事會更替，或者意外地出現了一個強而有力的競爭商品等。某種情況為什麼會出現，又為什麼沒有朝著預計的情況發展，我們只能在事後回顧時才能加以解釋。

能掌控複雜性的人需要兼備勇氣和耐心

◇ 作為管理者和領導者，需要兼備兩個重要的美德——勇氣和耐心。

你需要擁有勇氣來選擇必要的試驗，同時推動它的進展。你也需要有耐心，在做出決策和反應之前等待行為和思維模式的構建成形。許多組織會發生的最關鍵問題就是：只基於一個準則來試驗，即「我們只做能確保成功的事」。因此你常會按照「故障—安全」原則用線性的方式嘗試解決錯綜複雜的問題。而事實上，能夠解決複雜問題的試驗法，更遵循「安全—故障」的原則。

「故障—安全」還是「安全—故障」——屬於文化問題

每個組織在「錯誤文化」的軸線中，往往都會處於「故障—安全」和「安全—故障」之間的某個位置。而事實上，這裡涉及的問題其實是避免損失還是限制損失。將故障—安全擺在首位的組織和系統將會通過代償方案、充足的資訊和加倍堅固的基礎來確保安全。我們以為通過這種方式就可以免遭錯誤的侵襲，就可以高枕無憂了。

另一方面，安全－故障原則的出發點是，錯誤的發生是不可避免的。在這裡，錯誤被擺在了次要的位置，人們將注意力更集中在如何在出現錯誤的前提下實現組織的目標和結構。根據我的經驗，大部分的機構都力求貫徹故障－安全的原則，不允許失敗，不允許出現錯誤。不管我們是在談標準化生產流程還是專案管理，「錯誤零容忍」都是他們所追求的目標。系統的建構是如此穩固和絕對安全，能抵禦各種可能的狀況，以至於絕對不可能出現失敗。他們採取了所有能想到的措施，以徹底減少錯誤和誤解，降低失敗的機率。管理者們這樣做，讓人覺得似乎出錯率為零。

典型案例就是核電廠和飛機製造。每個核電廠都擁有能源供應的故障安全保障。在電力故障時，液壓系統就會提供保障，第二套電力供應系統啟動，控制棒將會插入反應爐內。福島核電廠的工作人員也認為，這樣就可以確保安全了。二〇一一年三月十一日，當地震後主能源供應癱瘓，應急系統馬上投入使用，至此一切都按照故障－安全計畫在進行。但接下來的海嘯卻讓人猝不及防，冷卻系統故障，後面的故事大家都非常熟悉了。當然，在這種情況下最被質疑的就是：為什麼沒有設計第三套安全保障機制？答案是：地震和海嘯同時發生的機率太低了。

這裡就有一個思考陷阱。我們總是習慣線性思維，在意可能出現錯誤的機率，而不是去思考如何應對未來可能出現的各種狀況，避免讓自己陷入災難或困境中。我們花大量的時間和精力去想像未來道路上可能出現的錯誤和反應，卻忽視了未來可能完全會是另一個樣子。在建構系統時，我們往往會認為首當其衝的就是要確保它的穩定性和抗錯性。但是長此以往，出錯的代價將會越來越大。相應的，錯誤所帶來的後果和影響也與日俱增，要克服這些影響通常要花費更多的時間和精力。

若一個組織選擇了故障—安全模式，那麼也將以喪失靈活性和適應能力為代價。適應能力下降，是因為組織只為近期可能出現的各種問題做好準備。一旦發生了不可預料的意外狀況，系統就會變得敏感脆弱，甚至可能脫離正軌。一個適應能力較強的組織則做好了應對各種未知干擾和狀況的準備，而適應力的最高境界就是能夠適應陌生的情況。這種適應力首先源於人們內心的態度，然後才由此產生了相應的措施和行動。

◆ 無論將會發生什麼，適應性系統總能生存下來。

與此相反，安全－故障模式則認為錯誤和失敗的出現是常態。在一個錯綜複雜的情境中，新的解決方案和創新極為重要，找尋一個正確的方案純粹是浪費時間，需要太多線性地嘗試才能找到。而試驗法的基礎則是經驗常識和對可能方案的大致概念，因此它往往會引起錯誤。此外，一個複雜的系統是無法設計和預判的。我們可以加以刺激，創造新的模式，發現新的可能。同時，通過多次相似的安全－故障試驗，人們可以從不同的視角來觀察同一個問題，這反過來也推動了新刺激的出現。這些嘗試規模較小，相對獨立，即使失敗，也能將損失控制在一定的範圍內，不會讓系統受到大的影響。複雜性要求組織對錯誤有較高的容忍度，這樣才能成功提升適應能力。

◆ 安全－故障並不意味著降低出錯的機率，而是控制出錯的成本。

錯誤和導致錯誤的矛盾不僅應該得到承認和接受，更應該有控制地加以推進。加拿大生態學家巴茲．霍林（Buzz Holling）在他一九七五年出版的著作《故障—安全與安全—故障災難》（*Fail-Safe vs. Safe-Fail Catastrophes*）中以幾內亞人的儀式習俗為例，來詮釋此準則，在當地，儀式規範了整個系統。幾內亞人主要在周邊森林和田地裡獲取食物，此外，只有在特定儀式等場合才允許吃豬肉。如果居民中的摩擦加劇、衝突漸多，就會舉行儀式，祈求上帝的寬恕，屆時將宰殺豬隻並且食用。

引起矛盾的主要原因是豬的數量過於龐大，有時會毀了田地，這當然會引起鄰居的不滿。而在儀式舉行之後，這個問題就迎刃而解了。儀式的作用並非控制豬的數量，而是避免在居民中出現由矛盾所引發無法控制的不穩定狀況。

> 從他人的錯誤中吸取教訓，這幾乎是人類獨一無二的一種能力。但堅決拒絕這樣做，也是人類所特有的。
>
> ——英國科幻作家，道格拉斯．亞當斯（Douglas Adams）

如果這種文化採用的是故障—安全模式，那麼作為準則，可能必須要規定每所房子、每戶家庭和每個村莊可以養殖豬的最大數目。人們或許認為這樣做的話，豬就不會成為居民之間矛盾的誘因了。但在這種情況下，個人或群體在養豬這件事上的自由度也隨之下降。或許仍然會有其他在固定時間舉行的儀式，但它的舉行卻不再擁有實際原因，而僅僅成為一種解決矛盾和對「居民」這一系統加以掌控的嘗試。

幾內亞人沒有糾結在降低問題的發生機率上，而是找到了一種新的方法來控制過失。毀壞的田地和鄰居間的矛盾是系統需要修正的明確訊號，這時儀式就會舉行，豬的數量會大量減少，這就為解決矛盾提供了一個很好的時機。在這裡，並不是人在過度操控系統，而是系統在自我調整，只有一些少量限制管理著系統。居民中的衝突總會在一段時間後突顯不穩定性，但也展現出了社會的靈活性，同時並確保了必要的衝突解決方案。

你所在組織中的「錯誤文化」決定了建立和實施安全—故障模式的難易程度，而這種模式才是應對錯綜複雜問題的合適做法。

◆ 在試誤法範疇內，要進行一系列高成功率的線性嘗試會消耗大量的時間。應對錯綜複雜的問題，需要在較短的時間間隔內進行多次的重複試驗。

如果沒有錯誤和失敗，你也無法充分利用各種可能性來認知你所處的情境。錯誤往往不是人們所期待出現的結果或模式，因此追溯錯誤本身有助於修正錯誤。

比如在軟體發展領域，「提要求—寫創意—開發軟體—測試—驗收」的模式就是不合適的，因為最後開發出的軟體往往和委託方的要求相去甚遠。反之，將研發任務分成若干個小的模組，在整個開發過程中與委託方一起觀察、討論和修改則是更有效的做法。在開發過程中修改會更簡單便利。這種便捷的軟體發展方式在過去幾年大受歡迎不是毫無道理的，之後我們還會提到這點。

安全故障試驗法準則

- **進行小而精的試驗：**試驗的作用是促進模式的形成，這就需要從不同的視角來觀察同一個問題。
- **你可以接納和出現錯誤：**錯誤是系統的一種回饋，也為我們提供了學習的機會。
- **在同一情境中進行不同的試驗：**不同的嘗試帶來了效果、行動和交流方式的多樣性。
- **在不同的情境中進行同一種試驗：**同一種試驗在另一種情況下可能會產生截然不同的結果。
- **明確界定試驗成功和失敗的條件：**要確定未來的調整方向，需要有明確的決定依據。
- **在一定時間內進行多項平行試驗，而非按線性順序進行：**模組化和相對獨立的試驗應該同時進行，避免導致時間上的拖延。停止不成功的試驗，同時開始其他嘗試。

Google，安全—故障試驗的專家

你知道 Google 的定位系統 Dodgeball 和社交網路 Jaiku 嗎？對合作平臺 Wave 你總會略知一二吧？不知道？那麼 Google 的目錄、CR－48 筆記型電腦和混搭編輯器呢？好吧，如果你都不清楚，其實也沒有關係，因為這些服務和產品其實都是 Google 的失敗試驗。它們都來自 Google 家族，一個以成功和管理而聞名的公司，而成功的背後總有許多在組織上值得借鑑的地方，當然還有勇於在失敗中學習的能力，一旦判定為失敗，那麼專案就會馬上停止。而失敗也是它們成功理念的重要組成。無論是思維上、時間上還是經濟上，結束一個產品或專案代表又重新釋放出資源。

多年來，Google 公司給予了兩萬多名員工相當多的自由試驗時間。在大約兩成的工作時間內，每個人都可以、而且需要成為一名「工程師」，進行創新性的思維、建構和嘗試，設計出了許多有機會的產品。在公司中得以實踐的創意又會在市場中加以檢測，而這時它們往往處在中期階段，因此還不那麼完善。而公司當然也清楚，並不是所有的設計和構想都能成功。Google 所推崇的模式是：不用考慮每一個專案的風險，或遵循傳統的風險管理策略。對 Google 來說，失敗所產生的費用對它們的策

略來說是至關重要的。它將每個小的模組都視作一項獨立清楚的試驗，因此不會對整體的成功構成風險。而在 Twitter 的推廣設計過程中，活躍的用戶也參與其中。比如著名的「#」標誌就源自於用戶，而非顛倒過來。

Google「錯誤文化」的經驗

- 嘗試不同的事物。
- 做好心理準備，有一些試驗會失敗。
- 限制可能失敗的成本。
- 儘早承認錯誤和失敗。

我們為失敗而慶祝。

——Google 前CEO，艾立克・史密特（Eric Schmidt）

有效應對錯誤

如今我們都生活在一個追求效率的社會，認為成功是合適的，對錯誤則持有偏見。即便可以在管理學文獻中讀到失敗理念的重要性，我們依然對自身效益和避免失誤有很高的要求。經濟心理學家麥可·弗里斯（Michael Frese）詳盡地研究了不同國家對錯誤的不同處理方式。在這份名單中，德國表現不佳，在六十一個國家中僅排在倒數第二位。

文化影響著人們在一個國家、組織或團隊中的思維和行為方式。那麼，一旦我們對錯誤的處理方式發生了變化，是否意味著文化也隨之發生了改變呢？如果從長遠的角度來說，答案是肯定的。在與組織中的領導者們談論這一點時，一個普遍的觀點是認為文化的改變不僅耗時又困難，也是很難獲得成功的。當我在推行「進行改變，完善文化」的方案時，也有同感。文化是逐漸產生的，無法被刻意地塑造。它是一個系統的價值觀、規矩和制度的總和。如果我們的態度、視角和行為方式發生了變化，那麼隨著時間的推移，文化會逐漸改變，這種對新的應對錯誤方式的質疑和偏見也將不復存在。

要想成功地在錯綜複雜的情境中解決錯綜複雜的問題，以下幾點值得注意和考慮。

- **「我做錯了／我就是個錯誤」**

愛迪生說：「我沒有放棄。為了成功，我探索了成千上萬條失敗的路。」學學愛迪生吧，將錯誤和失敗視作學習的機遇。切忌把對結果的評價和對自身的評價混為一談。

- **「錯誤是系統的一種回饋」**

別總向後看，一再追究責任歸屬。問問自己：「錯誤向我透露出了哪些關於系統的資訊？它對於未來和行為方式代表著什麼？」

- **「錯誤使人明智」**

在你的組織中營造出一種環境，讓所有人都能有機會從錯誤中改進自己。要讓員工能夠承認錯誤，需要把信賴作為合作的基礎。身為管理者和領導者，你應該身先士卒，給予他們信任，而不是僅僅提出要求而已。

· **「變化是永恆的」**

一個錯綜複雜的情境是充滿變化的，不存在百分之百不出錯的方法。「時刻準備迎接意外」，接受不確定性和不透明性。

· **「在凡事一帆風順時」**

從那些類似錯誤的情況中找到系統的薄弱環節，而不要因此覺得自己具備萬無一失的能力。

· **「提升洞察力」**

訓練自己對前期訊號和提示的洞察力，錯誤和混亂在產生時都會有預兆。請仔細觀察。

· **「實踐重於研究」**

要解決錯綜複雜的問題，就要採用安全—故障試驗法。這當中必然會產生失敗，否則你也無法充分發揮出它的作用。

・「停止無休止地問責」

別在你的團隊裡無休止地問責，尋找責任歸屬，而是鼓勵你的員工坦承自己的錯誤，一起探討它的作用、結果和意義。

・「在重複中學習」

一個錯誤只能犯一次嗎？當然不是，一個錯誤可以出現多次，有時這也是必要的。因為在不同情境中，同一個錯誤可能有著完全不同的意義。

・「別掉入陷阱中」

時刻提醒自己注意不要掉入因果陷阱中，用線性的方式來看待錯誤。要從相互作用的角度思考。

本章重點摘要

- 要應對錯綜複雜的狀況，錯誤是必經之路。
- 錯誤是系統重要的回饋資訊。
- 我們需要的是安全—故障試驗法，而非故障—安全模式。
- 試誤法是線性的，消耗時間過長。
- 「錯誤文化」決定了員工的思維和行為方式。
- 犯錯需要勇氣。
- 試驗法需要耐心。模式的形成不是一蹴而就。

陷阱 5

計畫為王

啟蒙時期的詩人瑪迪阿斯・克勞宙斯（Mathias Claudius）曾在他的民歌中這樣寫道：「出門遠遊，見多識廣。」當然，這句話也同樣適用於選擇怎樣的方式來規劃旅行。我就知道幾個非常典型的例子，我有一位酷愛旅行的老友康拉德，他花在規劃旅行上的時間大概是實際旅行時間的八倍。而事實上，他並不缺乏旅行經驗，因為在過去的幾十年間，他的足跡已經踏遍了所有大洲。

康拉德每次規劃旅行的步驟都驚人地相似，通常會提前一年就訂好行程，接著便馬不停蹄地開始購買和研究各種旅行指南和攻略，對目的地的必看景點和早中晚大概的溫度他都瞭若指掌。在出發前幾周，康拉德會在整理行李箱時列出一張鉅細靡遺的清單，從去屑洗髮精到鑷子，所有你想像得到或想像不到的東西都出現在這張越來越長的清單上，因為他不想遺漏任何重要的東西。更不用說他在所有衣服上都縫上自己名字，因為如果不小心把衣服掉在餐廳的話，沒人知道這是誰的。

出發的日子漸漸臨近，康拉德每天都會確認早已訂好的計程車、汽車和飛機的行程。畢竟聯邦鐵路偶爾會罷工，航班時間也有可能變動。如果遇到鐵路施工的情況，他就會預留出相應的時間，並和鐵路熱線的客服仔細討論，直到鐵路公司「承諾」，無論如何都一定將他準時送達機場。而他所謂的「準時」，是在飛機起飛前的三個半小時，他寧願悠閒地在機場來杯咖啡，也不願意耽誤。當然啦，他也從來沒有來不及趕上飛機過。不久前，他預定了一輛淩晨三點半去火車站的計程車，但他的同事告訴他，這種夜間計程車並不準時，自己曾有過一次這樣的經歷，於是康拉德便致電計程車中心，將預定時間提早到三點，以防萬一。

行李已收拾好，他用了雙倍加固防止行李箱突然彈開，另外還掛上了醒目的行李吊牌，因為現在的行李箱實在都長得太像了。康拉德的行李並不重，但在出發前至少已經秤過四次，確保不會超重。

在櫃臺托運完行李，直到起飛前他終於可以鬆一口氣了。登機後，他坐在了靠走廊的座位。康拉德每次都預定這種位置，這樣雙腿就能有更大的活動空間。飛機終於起飛了，如果一切都按照計畫進行，他將擁有一個完美假期。他清楚地知道每天要看什麼，怎麼過，所有的一切都已規劃得盡善盡美。

但令人意想不到的狀況發生了：康拉德的行李丟了，他倒楣地碰上最有可能遇到的麻煩。一切都規劃得好好的，怎麼會這樣呢？現在應該怎麼辦？他需要的所有東西可都在箱子裡啊！怎樣才能拿到箱子呢？一個個問題接踵而至，怒火也漸漸累積。

假期如約而至，但悠閒和放鬆並沒有。康拉德把所有的精力都放在了這個行李箱上。箱子還沒找到的情況下，他的目標只有一個：盡一切可能，找回箱子，無論付出什麼代價。兩天之內，他打了許多電話，去了無數次酒店櫃臺。後來行李終於送達，所有東西又重新回到了他的身邊。儘管如此，他再也沒法真正放鬆下來了，這一切原本不用發生的。之前，他可是把一切都規劃得如此完美啊……

計畫先於行動

無論我們現在做的計畫是關於旅行、大型專案、軟體發展，還是新產品上市，都無關緊要。重要的是，在對困難或複雜的問題深思熟慮後，我們希望能夠有系統地規劃，這給予我們安全感，也讓我們理所當然地獲得一種假象——結果和未來總是可以預知的。

但請你不要誤解，計畫這件事從本質上來說並沒有什麼問題。我們需要加以區分的是，在什麼範圍和程度上做計畫才是有意義的、它的界限在哪裡。我們也應該意識到，複雜性對我們的規劃能力所帶來的影響。狀況越不清晰和混亂，我們在規劃時就會越傾向於將它分割成更多的部分。但是在這種情況下，計畫的效果通常也更差。這麼說並非武斷，也不是出於惡意，因為它與個人如何處理複雜情況的問題休戚相關。

心理學家迪特里希・多納（Dietrich Dörner）在他二〇一一年所寫的書《錯誤的決策思考》（*The Logic of Failure*）中曾提到，他進行過一項有趣的實驗。實驗的目的是為了清楚地描繪出計畫和複雜性之間的關聯。這是一項電腦模擬實驗，共有四十八名受試者。在實驗中，他們成了虛擬城市羅豪森市（Greenvale）的市長，決定城市的命運和發展。在虛擬的十年裡，這些參與者能夠以「獨裁」的方式支配和管理著這座城市，沒有限制，不用擔心被罷免。最大的自由度和權力是這項實驗成功的基礎。

> 計畫是指向嘗試的一種行動。在計畫中人們什麼也不做，只是思考能夠做什麼。
>
> ——迪特里希・多納

羅豪森市有三千七百名居民，本地經濟支柱是它們的手錶廠，大部分市民都在這工作，其基礎設施建設處於一般水準。每個市長（參與者）都能看到重要參數，如城市資產、失業率、手錶廠的產量、求租或求購公寓的數量和居民滿意度等。對多納和他的團隊而言，最重要的是提取出參與者的思維和計畫策略，以及提出假設和建構。在這裡，「好的」和「壞的」受試者在思維和計畫上展現出了顯著的差別。當然，這裡所謂的「好的」和「壞的」都是以上述參數為基礎的。

「好」市長——

- 做出更多決定。
- 竭盡所能，有所作為。
- 深入且有系統地考慮決策，並觀察彼此之間的作用關係。
- 為每個目標找出多個預備選項。
- 對假設進行驗證和探究。
- 辨明因果關係。
- 在談話中，專注於話題本身，要點明確。

「壞」市長——

- 做出較少決定。
- 孤立觀察每個方面和影響。
- 在缺乏驗證的情況下做出主觀判斷。
- 甘於現狀。
- 談話不連貫，主題較混亂。
- 避重就輕，顧左右而言其他。

就計畫而言，該研究得出的結論是：「好的」市長往往能夠找到最正確和最重要的領域，並在此不懈嘗試。反之，正如多納所言，「壞的」市長傾向於孤立地看待並解決問題。比如，一個「好的」市長會測量一個普通老年人去電話亭的平均距離，並把它作為新電話亭選址的依據。比起在意那些他「應該」解決的問題，他更願意先將精力放在那些他能夠解決的問題上。而「壞的」市長在解決問題時速度較快，但卻只停留在表面，未能真正深入。當然研究也申明了，所謂「好」和「壞」的劃分與智力無關，而是另有原因。

◆ 應對不確定性的能力決定了我們的計畫行為是「好」還是「壞」。

不確定性導致更多的計畫，更多的計畫導致不確定性

如果無法完全理解或看透某種狀況或問題，我們就會更加小心謹慎地規劃，考慮所有的可能性和意外狀況。但很遺憾，這樣做的結果是反而提升了它的不確定性，因為資訊和情境的數量都在不斷增加，情況將變得更加捉摸不透。在「多多益善」的理念下，我們一邊更加詳盡地規劃，一邊卻在這個複雜陷阱中越陷越深。

而在最初陷入困境時，我們對此毫無察覺，因為這時系統常會給我們一種積極的回饋。不確定性促使我們去搜集更多的資訊，而更多的資訊增加了不確定性，再次促使我們搜集資訊。這種要求擴大資訊量的回饋循環，要不在收集到「足夠的」資訊時畫下句點，要不在我們到達極限後草草結束。而這時，情況可能會再次陷入僵局，沒有決策，沒有作為，整個

計畫完全走樣。我們或許會進入盲目的行為主義陷阱，在複雜陷阱中倉促行事，聲稱一切全憑直覺，為了行動而行動。在這種情況下，實施的品質和所有的參與方常常都深受其害。

你是如何在不明確的狀況下做計畫的呢？會採取哪些策略？你或許用過左側列表的這些方法。

逃避複雜規則的幾種方式

- **轉移注意力**：如果在錯綜複雜的關係中很難規劃和決策，那麼你可能會將注意力轉移到其他事物上（如同事、部門和供應商等），比如待送達的貨物、待決策或完成的事項等。或者你會把自己的注意力放到與當前決策完全無關的問題上去。
- **孤立地看問題**：要擺脫或暫時擺脫不確定性，你會專注於能夠規劃和掌控的細節。這會讓你獲得一種掌控感和確定感，也可以讓你在一段時間內能避免進行決策或行動。
- **分步計畫**：更小的細節和計畫步驟可以讓你看得更清晰，也能給人帶來一種確定感。但這也帶來了簡化整體的危險，因為錯綜複雜的情況無法通過分割的方式實現線性化。

- **專注於嚴謹的方法論**：這也是一種轉移注意力的常用手段，人們總認為它可以帶來更多確定性。遵守了某種方法論，那計畫也會變得更好，不是嗎？但其實也同樣有著過度簡化的危險。
- **「我們總是這樣做」**：乍聽之下使用曾經成功的方法似乎讓人充滿希望，但稍加考量，就發現其實不盡然。因為老方法適用的往往是一個完全不同的情境，與目前狀況並不相符，你所期待的確定感在這裡也只是暫時的。

我們在規劃時之所以感到困難，不確定性是其中的一個重要因素，它會導致我們到頭來既無法決策也無法採取行動。當然，不確定性也絕不是專案或企業失敗的唯一原因。在錯綜複雜情境下進行計畫，你還面臨著其他的陷阱。

計畫很美麗，現實很殘酷

不少被媒體稱作災難的大型專案常常在規劃階段就會出現一些流言蜚語，說這個專案必敗無疑。如今我們知道，在這些話的背後其實隱藏著一些真相。計畫是重要的基礎，建立在猜測、假設、目標和利益之上，當彼此差異性太大時就會為計畫失敗的滋長提供了絕佳的溫床。這裡就有一個現實的例子。

自二〇一二年九月亞德港（Jade-Weser-Port）啟用後，幾乎沒有人會相信這個德國唯一的深水港會成功。該港口幾乎具備了一切條件：約有五百個足球場大的面積，有自己的高速公路出口、十六條鐵路交通軌道、八個大型貨櫃橋式起重機和一．七公里長的港口碼頭。出資方不萊梅州（Bremen）和下薩克森州（Niedersachsen）野心勃勃，預計該項目能帶來大量的就業職位，因為港口將以兩百七十萬的貨櫃轉運量成為德國第三大國際港。另外，它還在三百九十公頃的範圍內進行了泥沙加固，屆時將能夠接待艾瑪．馬士基號（Emma Mærsk，快桅E級貨櫃船）級別的貨船。亞德港成了德國威廉港市（Wilhelmshaven）的一個新港區，人們預計在港口投入使用後僅港口運轉就能創造一千個新的工作機會。另外的一千個新職位將由運輸公司、倉儲管理和鐵路交通等提供。亞德港將為相對落後的西北部地區帶來新的發展機遇。威廉港及其周邊地區本身對港口的貢獻十分有限，因為那裡的貨物運輸量較小。

那麼現在讓我們來看一看運行兩年後的亞德港：這個耗資數十億的項目並沒有給人帶來更樂觀的前景。每週平均只有兩艘輪船在此停靠，而且運載貨物也很少，它們只是將威廉港一帶作為中繼站。在第一年，港口的轉運量只有不到六萬四千個貨櫃。二〇一三年，貨櫃碼頭運營商 Eurogate 的大多數員工已經開始縮短工時。而冷藏物流集團 Nordfrost 也開始抱怨不休，因為它們已經投資了好幾百萬，希望能繼續發展壯大自己強勁的蔬果物流業務，但幾乎沒有輪船停靠亞德港，所以冷藏庫空空蕩蕩，而銷售額也化為了泡影。

預期第一年七十萬貨櫃轉運量的目標對現在的亞德港而言可謂遙不可及。儘管如此，港口的擴建卻一直在計畫中。政府希望建造更多船席，目標直指快桅3E級貨櫃船。但另一方面，航運公司並沒有這種需求，因為它們的輪船完全可以選擇開到漢堡港（Hamburger Hafen）或不萊梅港。

甚至第二大貨櫃碼頭運營商馬士基似乎也沒有繼續擴建的意願，它們最主要的業務還是集中在上述兩個德國北部港口。

當然，建造大型港口也遭到了環保主義者的強烈反對，破壞了兩個海灘，珍稀禽類的孵化地岌岌可危。但專案開發者完全沒有考慮到這項工程對自然環境所帶來的長遠影響，也沒有公開發布過有關這種大規模破壞對亞德灣水利條件的長期影響的調查報告。而在此期間，人們卻花費高昂的價格去修復導致專案延期的板樁牆裂痕。毫無疑問的是，它已經影響到了威廉港市的旅遊業，因為現在兩個海灘和一個露營地都已不復存在。

讓我們來簡單總結一下亞德港的實際情況。在規劃時，人們往往最關心的問題就是建築工程所立足的假設和預測是什麼。計劃、建造和保留的依據是什麼？當一九九三年這項工程計畫起步時，經濟預測：貨櫃運輸將以每年六%的速度增長，直到二〇二五年。但在人們做出這個預測時，經濟危機還沒有發生。當時有支持者曾這樣說過：「威廉港市需要發展經濟，需求就在那裡，深水港一定會蓋起來。」

所有這些事實都指向了同一個問題：專案規劃時，難道沒有調查過周邊環境嗎？還是說不利的資訊都被隱瞞了，僅僅是因為它們不符合這個天真的預測？亞德港並不是島嶼，要深入瞭解周邊環境需要考慮到多方面的因素。比如鹿特丹計劃擴建港口已經很多年了，它在此期間完工，同時規模超過威廉港。此外在倫敦附近也曾經規劃過一個新的貨櫃港口。而馬士基在漢堡港和不萊梅港幾乎是滿負荷運載，一旦航運公司將重心轉移到威廉港，就意味著損失。這點至今沒有改變。對漢堡人而言，漢堡易北（Elbe）河的河道加深工程是必不可少的，因為它意味著就業的保障。

相關負責人最後得出結論：這個港口專案的錯誤僅在於其啟動時間，但長期看來還是有必要的。

計畫是幫助還是束縛？

亞德港的例子已經非常清楚地告訴我們，傳統的建築、IT、組織發展專案和企業是如何一而再再而三地使用這種傳統的線性計畫，又是如何困於其中的。一個計畫常以預測為基礎，要求在某個時間點完成，並對未來加以概述。對這樣一個未來我們深信不疑，覺得它應該就是這樣。我們也深知，在通向未來的道路上總會遇到一些意外，為此預備了系統的風險管理，以應對各種改變。但是，我們幾乎從來都沒有認真考慮過一個問題，那就是未來可能完全是另一種模樣。

◆ 一旦計畫確定，我們就會執著於那個計畫中的未來。

在負責人關於亞德港的結論中可以發現，儘管許多人早就意識到之前的推測有問題，他卻依然篤信這個計畫中預示的未來。在規劃時，我們會以「已被驗證的過去」作為依據，但卻忽略了明天的一切都可能會與過去不同。

除了清晰描繪未來，每個計畫還應囊括成本、時間軸、風險、相關應對措施、對成功的承諾和品質等方面。所有描述都應清晰可靠，因為我們想清楚地知道，專案、企業和計畫的落腳點在何處。懷疑、選擇、意外和多樣性都是對計畫的阻礙，因為我們希望越簡單越好。我們可以接受錯綜複雜的狀況，但是卻很難接受不用線性計畫的方式去描述和完成一個錯綜複雜的過程。

在專案中也可以經常發現，人們總會把注意力放在計畫本身，他們花在規劃及計畫流程上的時間遠多於處理實際問題的時間。在每一次開會時，計畫總是被擺到檯面上討論，所有人都把精力集中於此，因為計畫應該是合適、完整和與時俱進的。而這卻導致了為了計畫而計畫的結果。一旦意外、混亂或計畫外的轉變發生，應對就顯得措手不及。在這種情況下，我們便開始糾結於失敗，尋找責任歸屬，但仍然一如既往地堅持原有計畫。對於專案負責人而言，要承認他們的預期不符合實際或出了差錯就太難了。因此他們通常避重就輕，推卸責任。就如亞德港負責人所言：「港口啟動於錯誤的時間。」

◆ 這種慣用的規劃方式另一個問題就是：無論發生什麼事，都會將計畫貫徹到底。

接下來，我總結了計畫失敗的幾種主要原因，其實隱患早在籌備階段就已埋下。

計畫失敗的常見原因

- 風險管理時沒有考慮到的困難
- 副作用和相互作用
- 孤立的觀察研究方式
- 從關聯性角度而言，沒有掌握充足的資訊
- 計畫者和股東的過度自信
- 過度在意硬性資料（hard data）
- 把過去的成功經驗作為方案和計畫的基礎

現在你可能會問，如果一個深水港預計的功能沒有得以發揮，那麼接下來該如何加以利用呢？其實已經有些初步方案。比如說戲劇將會在港口上演，在貨物運入和運出區域還安裝了用於風力發電設備的旋翼。如果相關負責人繼續考慮推進這類方案，那麼他們也會開始逐漸接受計畫有誤的事實，認為開發港口的其他功能可能會更有意義。接受現實幾乎代表著放棄目前為止的所有計畫，這樣的代價太大了。因此在下一個部分我們將會

談到，如何在成本攀升之前成功地控制，但前提是要以一種完全不同的方式來看待複雜的計畫。

我們先來討論一個重要問題：你是如何進行計畫，並推動計畫過程的呢？

為應對複雜性而計劃

你對計畫靈活運用的程度如何呢？又是怎樣開始一個專案？涉及的是下個銷售季度嗎，還是要在計畫中說明下個財務年度的目標？這一切都取決於你的態度和視角，進而決定你的行為。「行為」這個關鍵字會讓我們很快聯想到行為模式、程式和系統學等一系列關鍵字。許多人常常感嘆，要是有合適的工具和技巧就好了，這樣就能彌補人在這方面的不足。

在軟體發展領域，一些人相信他們已經找到了這樣的一種解決方案，即「敏捷方法」，流程框架「Scrum」就是其中的一種。它並不定義某種行為模式，只規定角色、活動、工具或文件等，其目標是盡可能地提高工作的靈活度。敏捷方法在基本構建上就與傳統的計畫方式不同，雖然也做計畫，進行組織，有明確的角色和責任分工，但是這些都與傳統計畫有顯著的區別。敏捷方法在我看來是一種非常優秀的方式，但它還不僅限於此。比如雖然許多專案採用 Scrum 作為工程化方法，但是其後潛藏的態度和視角依然遵循傳統的工程師軟體發展那一套，這就導致了許多敏捷項目虎頭蛇尾，方案幾乎毀於一旦。

如果我太過介紹敏捷方法，或將 Scrum 作為其典型代表詳細介紹，可能會脫離這一章的主題。所以在下文中，我將挑選其中幾個重要方面著重分析，並將它與傳統的行為模式進行比較。計畫依然是我們討論的主題重點。

「運行一個不斷變化的系統」這是「敏捷方法派」的準則，而這句話也表現出其蘊含的基本態度。他們認為軟體發展是一個棘手的問題，把它視為一項挑戰，其中充斥著各種不完整、前後矛盾而又不斷變化的要求。所以無論之前專案組織是否對它進行過探討和計畫，都應該將它納入錯綜複雜問題的類別。早在二〇〇一年，十七家知名軟體發展商就共同簽署了敏捷方法的指導準則。

敏捷宣言

我們通過身體力行和幫助他人來揭示更好的軟體發展方式。經由這項工作，形成以下共識：

（在每對比較中，後者並非全無價值，但我們更看重前者。）

1. **個體和互動**重於流程和工具。
2. **可用的軟體**重於詳盡的文件。
3. **客戶協作**重於合約談判。
4. **相應變化**重於遵循計畫。

計畫並沒有創造價值——基於這種認識，敏捷方法認為「只需要進行一些必要的計畫」。它首先處理的是滿足客戶期待，在任何時刻都保持足夠的靈活度。敏捷方法的核心是短期反覆運算法，這意味著在每次結束時必須要產生一個可用的軟體。相比傳統的「大爆炸」法，它被設計成了更多小的短期迴圈。每次迴圈末期都要交付給客戶可用的成果，當然它有可能會被客戶接受或拒絕。

同時，每次結果也是下一次反覆運算的初始。此時所有參與方會再次確立目標，他們把大部分的時間都花在了實踐上，而並非完善和改進計畫。在每次的反覆運算過程中沒有其他的外界要求影響，因此沒有干擾、相對穩定。其持續週期大約通常從一周到八周不等，每次反覆運算都代表著重新審視和回顧的過程。而團隊自身的活力以及客戶合作等問題也同樣需要加以反思。

專案計畫和每一次的反覆運算過程是由整個團隊共同完成的，而非依靠專案領導和管理者個人之力。在成本估算方面，負責人在此使用的方法也有所不同。他們首先確定的是專案規模，如大小和複雜程度等。與立即確定天數、周數等資料相比，這顯然要容易得多。貝瑞·玻姆（Barry Boehm）的「功能點分析法」（function point analysis）為這種方式奠定了基礎。一旦確定任務或問題的規模，就可從中推出成本的大小。顯然，這種方式能更快地得出結論。此外，由於團隊所有專家都參與其中，其結果也更真實。隨著時間推移，計畫會更具體，更貼近實際。

在當代西方文明中得到最高發展的技巧之一就是拆解，即把問題盡可能拆分成多個細部。我們非常擅長此技，以致於時常忘記把這些細部重新裝到一起。

——美國未來學家，艾文・托佛勒（Alvin Toffler）

這裡就出現了一個問題，沒有資金和時間成本預估，項目該如何進行？其實，這是對敏捷方法的一個重大誤解。時間和預算是固定的，而結果和功能則是可變因素。相反地，在傳統的計畫方式中或多或少都會提及預期目標是什麼，並通過做計畫來確定完成的時間。

在敏捷方法中，時間和預算是既定的，人們在這個框架內與客戶共同協商，因此期望管理在這裡才顯得尤為重要。第一份計畫往往非常籠統，但它之所以重要是因為它產生於過程中而非之前。它誕生於專家的討論，在軟體研發和試驗後又通過第一次反覆運算過程得以改進。這第一次迴圈就是一次找尋解決方式又重新加以否定的試驗，它所實踐的就是安全—故障試驗法。

◆ 比起純粹的計畫，你可以把敏捷方法視為一種更靈活變化的方式。

其實到頭來，決定成敗的並非方法或工具，而是人的態度。儘管如此，敏捷方法的理念還是為應對複雜的任務和專案提供了非常好的依據。當然，敏捷方法也遠遠不只是計畫而已，它賦予了軟體發展一種新的理念：即軟體發展是由人完成的，因此團隊活力也將對它產生根本性的影響。敏捷方法還認為，團隊也是錯綜複雜且不可預估的。這一系列前提條件對已經高度結構化和機械化的工作領域而言，無異於一場革命。

許多領導者、管理者和員工可能會認為，軟體發展是一個專業領域，這個方法無法轉而運用到其他領域中。我認為這種說法既對也錯。敏捷方法的理念和要點已經在其他複雜領域得到了運用，並取得了良好的效果。但是，就像我一直說的，在涉及複雜性的時候，我們必須要充分考慮它的具體情境，以及敏捷方法用在此是否恰當。

訂定綱要，往往是一種華而不實、虛張聲勢的精神工作，人們以此來表現出一種有創造性的天才神氣，所要求的是連自己也給不出的東西，所責備的是自己也不能做得更好的事，所提出的是連自己也不知道可以在什麼地方找到的東西。

——康德（Immanuel Kant）

這些運用敏捷方法的公司逐漸將 Scrum 運用在其他領域，但在組織發展和策略管理方面仍很少人使用。儘管如此，軟體發展領域的這些基本原則還是非常容易理解。在本章的最後一個部分，我會繼續對此加以解釋，並補充一些在錯綜複雜情境中進行計畫的要點。

在錯綜複雜情境中成功計畫的要點

- 靈活源自於觀念。
- 接受「變化是永恆的」。
- 與客戶和市場等保持密切的交流。

・進行能產生具體成果的多次小反覆運算。
・允許自組織化管理，至少將自我管理作為第一步。
・經常性地回顧和反思。
・建立結果、過程和行為的透明化。
・考慮到結果被回絕和資訊過剩等問題。
・考慮未來時，要訂定確實可行的方案。

當然，我本人對於「敏捷方法是唯一途徑」或「遠離傳統計畫」等有些過於偏激的觀點並不能苟同。採用怎樣的方式，首要考慮的問題是組織具體所處的情境，考慮哪些問題適合繼續採用傳統的計畫，哪些問題更適宜一種全新的視角和行為。

但有一點是毋庸置疑的：錯綜複雜的狀況不適宜用線性的方式規劃和實踐，因為總會有意想不到的情況發生。另外，無論選擇了怎樣的模式，運用模式的人才是最具決定性的因素。

本章重點摘要

- 計劃是思想上的行動。
- 不確定性越大，計畫就越抽象。這會直接導致誤入複雜陷阱。
- 線性計畫不適用於錯綜複雜的狀況。
- 複雜性需要反覆運算而非線性的方式。
- 要應對錯綜複雜的狀況，就要在訂定方法和決策時保持觀念的靈活性。

陷阱6

搜集資料，一覽全域

「我需要一個迅速的、完美無缺的解釋！」你是否經常會從政客口中聽到這句話？在德國聯邦情報局事件、美國國安局事件、聯邦鐵路事件、新納粹組織事件、明鏡週刊事件、VISA 卡事件、能源公司 EnBW 事件和「歐洲鷹」（Euro Hawk）無人機事件等一系列事件中，我們總會不斷聽到這句話。但這句話到底是什麼意思？又會有哪些影響呢？

當然，它代表著：我們正試圖儘快找到責任歸屬。接下來人們便開始進行大規模的資料搜集，組建調查委員會，針對資料展開大量的調查分析工作，以便能夠一覽全貌，確定相關責任歸屬。在此我們感興趣的正是所謂基於大量資料分析的事件全貌。

以「歐洲鷹」無人機醜聞為例，讓我們首先來回顧一下事件發展經過。二〇一三年五月，官方出面停止了無人偵察機的研發製作，理由是飛行許可問題以及費用遠超預算。該開發案是由歐洲航太集團 EADS 與諾斯洛普・格拉曼（Northrop Grumman）公司共同合作承擔。EADS 提供偵查感測器，諾斯洛普・格拉曼負責提供飛機。而根據目前我們所瞭解的情況，這家美國公司始終無法提供必要的文件，因而未能獲得德國的航空合作許可。雖然討論這個事件產生的原因一直是熱門話題，但我們還是把注意力集中在資訊量的問題上。

二〇一三年六月二十六日至八月二十六日，「歐洲鷹」事件調查委員會一直致力於尋找一個完美無缺的解釋。他們搜集了大量的資料，依據七百七十多份卷宗展開工作。當時資料夾中的資料已經超過了四百頁，聚集了委員會中約三十名工作人員來整理、審閱和修訂，另外還有更多的資料在審問階段產生。包含大量的數字和細節，比如「國防部長德邁齊埃先生不用綠色的螢光筆」等資訊。

而往往在「資料洪流」的盡頭，人們才會猛然發現：原來這些情況早已了然於心了。那麼，我們從這個案例中能學到什麼呢？大量的資訊就能掌握事件的全貌？其實不然。這樣做頂多代表著我們能看到和處理一些關鍵的資料。而早在二〇〇二年系統概念研究組就公布了「遠端航空監督和偵查」的研究報告，報告中稱，空中交通管制的飛行許可問題急待解決。這個資訊早已出現，但看起來人們似乎並不關心。

你是否會覺得時常發生一不小心就忽略了風險的事？但我卻認為這已經不僅僅是一個單純忽略風險的問題，而是關乎整個系統。一旦有任何情況發生，或者尚未發生，我們就會馬上陷入資料的迷霧中，寄希望於在一覽事件全貌後豁然開朗，於是我們開始搜集一切，無論是事件主幹還是細微末節。

這個例子只是個案嗎？絕非如此！二〇一三年八月提交的新納粹組織事件調查終結報告就多達一千三百五十七頁，說實話，誰會去閱讀和研究？在二〇〇五年調查 VISA 卡事件時，調查委員會審問了五十八名證人，整理了一千六百份卷宗夾。而美國「九一一事件」為了調查是否可能是各個機構之間缺乏配合導致恐怖攻擊，產出多達兩百五十萬頁的報告，同時調查了一千兩百人。結果呢？只是搜集了更多的資訊，到頭來所有的調查者和參與者還是從自己的角度來解釋這些資料。

說實話，這些資料量已經超出了人腦的容量。但其實在這裡最關鍵的並不在於數量，而是重要程度。當局者迷，當我們深陷其中時，往往會忽視這點。但或許這就是人們想要達到的效果，因為搜集資料的過程的確會給人帶來一種「至少有在做點什麼」的心理安慰。

資訊匱乏——資訊時代的核心問題

我們真的正在經歷資訊匱乏的苦惱嗎？這是否是搜集更多資料的理由？答案是肯定的，但在這裡我們首先要將資料和資訊加以區分。手機上最新的旅遊照片、電腦裡的音樂、硬碟上的備份等，它們都是剛剛儲存的資料，僅此而已。只有當它產生了意義，我們能理解時，才成為資訊。

訊號、資料、論述、圖片、位元和位元組並不一定是資訊。在定義「資訊」這個概念時，模控學家葛雷格里・貝特森（Gregory Bateson）給了很好的解釋：「資訊就是生異之異（Information is a difference that makes a difference）。」

◆ 如果人對某種資料能夠加以理解和認識，那麼這類資料就是資訊。

只有人類的頭腦能夠將資料破解

公司的領導者常常需要做出決策，但他們所處的情境總是讓人捉摸不透又經常變化，因此他們會覺得自己掌握的資訊還不夠。為了能做出一個又好又穩妥的決策，便開始搜集更多的資訊。而在一個錯綜複雜的環境中，人無法掌握所有的資訊，也不可能全面瞭解自己所處的狀況。但只要他們沒有意識到這一點，就不會停止搜集資訊的腳步。沒有一個管理者或領導者願意看到由於自己的原因導致可能的決策失誤。

其實，在大量資料的背後，隱藏的是對犯錯和懲罰的擔憂。它讓人走入了進退維谷的境地，最糟糕的狀況就是根本無法做出決策。要一覽全貌，就需要更多的資訊。表面上，這又暴露出了新的資訊不足，從而促使人進一步搜集資訊，如此惡性循環。

我們總是篤信，只要擁有足夠的資訊，就能理解和預測錯綜複雜的系統。這追根究柢也是一場關於控制和權力的鬥爭。誰掌握了知識，誰就有發言權。這種觀念在許多領導者和管理者的腦中根深蒂固，但他們卻沒有意識到，在錯綜複雜的組織中，根本就不存在一種包羅萬象的知識。

自我認知的確認非常重要

做出決策是搜集資料並對此產生依賴的另一個動機。在面對新資訊時，每個人都傾向於借助已有的經驗和信念對它進行詮釋和理解。為了能更好地對外加以論證，我們會不斷尋找，直至找到了與之相符的資訊。這樣一來，我們不僅能證明早已知道的事，同時也能說服周圍的人。這種心理現象早已為人所知，並在許多實驗中得到證實。英國著名認知心理學家彼得・華生（Peter Wason）在不同的實驗裡描述並證明了這種確認偏誤（confirmation bias），其中最著名的就是「2－4－6」實驗。

實驗者給受試者一組三個數字2－4－6，並要求他們說出符合相同規律的其他數列。之後被試者能得到「符合規律」和「不符合規律」兩種回饋，同時需要進一步說明相應的規律。實驗中設定的規律是：任意三個不斷增大的數字。

受試者必須要做出假設，並加以驗證。大多數人的第一推測是8－10－12，並得到了符合規則的肯定答覆。因此他們會繼續加以判斷，這裡的規律可能是「加2遞增」或「偶數列」，但其實這並不正確。通過實驗我們可以得知，大部分受試者採用的都是正向肯定的測試策略，這就導致了他們說出了正確的數列，得到了「符合規則」的肯定答覆，卻無法找出正確的規律。反之，有意識地尋找可能是「錯誤」數列的試誤法反而能更快地幫助受試者找到規律，因為與不斷地重複證明數列正確性的方式相比，這種策略更能開拓思路。

有時搜集資料和資訊，也是為了證實自己主觀思想的正確性。我們改變了相關的標準，更加注意那些可以證實先前想法的資料，而忽略了其他的，儘管最關鍵的資料可能就隱藏在被我們所忽視的部分中。這也解釋了為什麼調查委員會的最終調查結果往往是我們「早就知道的」。

◇ 確認偏誤使得我們在資料洪流中只挑選能夠證明我們觀點的資訊。

無時無刻不在增長的資料量

我們都清楚，每個人每天使用、分配、分析或忽略的資料量非常龐大。但你是否知道，自己每天產生了多少資料呢？讓我們一起來一探究竟吧。假設你是一名普通市民。每天早上約六點三十分鬧鐘或手機將你喚醒，這時你做的第一件事可能就是打開手機，而此時此刻手機已經將你的資訊記錄到了本地資料終端，還定位了你的起床地點。洗漱之後，你打開筆記型電腦，在喝咖啡時查閱電子郵件，瀏覽最新消息，而上網時間和瀏覽內容都已經儲存到伺服器上。

接著你發送了今天的第一封電子郵件，收件人和內容都儲存在筆記型電腦的硬碟中。在同事傳來的信件裡，你看到了一個主題演講的連結，內容是有關複雜性的，於是便打開觀看影片，這時瀏覽器又記錄了資料。這個演講很對你的胃口，所以你便在 Facebook 和 Google+ 等社群媒體上轉貼分享。而轉貼這一舉動和其他網路行為一樣也在系統中留下了痕跡。

接下來你起身去上班。一如往常，你把車停在了火車站旁的停車場，在開車前還很快地傳了一則簡訊給你兄弟。這期間，手機一直連接著網路，能隨時定位。來到辦公室，你打開電腦，參加了一個電話會議。在開會的同時登入了 Facebook 帳戶，收到兩則 WhatsApp 訊息，所有這一切資料都被一一記錄下來。

在下班回家的路上，你還去了趟超市，買晚上做飯的材料，用信用卡買單，還用會員卡累積點數。這時，你購物的資料也被記錄了下來。回到家之後，你會繼續上網、使用手機、玩網路遊戲或觀看電影，新的資料還在源源不斷地產生。就這樣，你每天都在產生著大量的資料，日復一日。那麼我們是否已經習慣於應付如此龐大的資料量了呢？是，也不是。是，是因為我們生活在資訊時代，資訊意味著優勢，多多益善。但事實真是如此嗎？並不盡然，無論我們搜集了多麼龐大的資料，資訊的匱乏感還是依舊揮之不去。

二〇一四年四月，資訊技術和遠端通訊領域的著名市場研究公司國際數據資訊ＩＤＣ發布了研究報告《充滿機會的數字宇宙：豐富的資料和網際網路不斷增長的價值》（*The Digital Universe of Opportunities: Rich Data and the Increasing Value of the Internet of Things*），根據報告分析，二〇二〇年的資料量將增長至四十四皆位元組（Zettabyte，簡寫為ＺＢ），即四十四萬億ＧＢ。而二〇一四年全球資料量大約是四萬四千億ＧＢ，其中包括了我們在Facebook上傳的旅遊照、自拍和午餐照、在串流媒體上觀看的所有電視節目、火星或發電廠探測儀傳到控制中心的資料以及在所有企業裡產生和處理的資料等，這些都是相當重要的大數據，而這又帶來了另一個問題：到底哪些才是關鍵資料？對誰而言？對於什麼事而言？

根據ＩＤＣ的報告，二〇一三年的資料總量中只有二十二％有加工處理過（如分類和分析等），而有五％的資料則完全沒有被分析過，資料多而資訊少。分析報告認為到二〇二〇年，可用的資料量將會上升到三十五％。資料洪流的最大部分源自消費者、員工等個體，而企業卻要負起其中八十五％的法律責任。

和許多科技媒體一樣，這篇研究報告並沒有深入地探究迅速增加的資料量及其優點，通篇似乎只在闡述一項人們需要遵從的自然法則而已。而ＩＤＣ提供的解決方案也都近似雷同地提到了「大數據」。人們大肆宣傳這個概念，認為是企業獲取成功的必經之路。另外，報告中還提到：「資料和分析的多樣性越豐富越好。」但是至於好在哪裡，並未給出明確解釋，只隱晦地提到了資料分析的市場指數——這市場價值四百億美元，並仍以每年十％的規模增長。無論這難以置信的資料量是給了誰最大利益，我們終究還是要在各自的組織中處理和應對越來越多的資料和資訊。

如今我們會盡可能地將數位世界系統化，整理資料並且歸類，以便於分析。但未來我們所要產生的資料更是五花八門、模稜兩可又不系統的。因此從企業的角度而言，必須尋求一些必要的技術支援，比如投資相關資料庫、文本分析工具、本體編輯器、資料庫提取器和平行檔案系統等。事實上，我們事先並沒有考慮這些資料是否真的是所需的，只是希望借助這些技術手段來掌控資料。

◆ 龐大的資料量讓人望而生畏，因為我們知道不可能處理得完。

與此同時，總有些人對「在萬千資料中總有答案」的看法深信不疑，但它隱藏得如此之深，以至於人們不敢去一探究竟。我們要特別注意，不要混淆「解決方案」和「輔助工具」這兩個概念。大數據最多只能算是輔助工具。而且這一點只有在滿足以下條件時才成立，即我們能在日益增長的資料量中篩選出關鍵資料，加以理解，給予它意義，並使它從資料轉化為資訊。

矛盾的是，資料眾多的同時卻也會導致資訊匱乏。在已有的資料中，只有當它被賦予意義時，才會成為資訊。而無關緊要的資料是無法被賦予意義的，它們只是、且一直會是沒有資訊量的資料。這就是導致資訊匱乏感產生的原因，也導致人們想要搜集更多資料，而非忽略那些無關緊要的資料。但是，篩選出重要的資訊無法借助技術手段完成，自始至終還是管理層面的問題。

請允許我提一個問題：你如何利用這些在日常生活中已有的和被篩選出的資料呢？它們到底有什麼用呢？當然，我們需要利用資料和參數，成功管理一個部門、組織和公司，來領導員工。瞭解企業管理的關鍵資料是必要的，也是正確的，但是實際做法卻有些過猶不及。早年，在我擔任管理者和銷售負責人時也把大量的時間花在規劃和預測上，而其中就充斥著大量的百分比和時間期限。這項工作所耗費的時間最短一周，最長會一直持續到下個銷售會議。

搜集客戶資訊當然非常必要，它們將被儲存在CRM客戶關係管理等類似系統的終端，即便在相關員工離職時也能保留並充分發揮作用。此外，研究這些資訊還能促進新想法、結論、方案等的產生。但如果搜集客戶的資訊只是為了盡可能地去填充資料庫，誤以為這樣能夠讓想法和行為有預見性，那就是白費功夫了。

◆ 無論搜集了多少資料，我們只能從中發現事情的發展趨勢。

你首先需要從各式各樣的資料中找到關鍵資訊，這就是其中最重要的一點：我們搜集了大量的資料，需要的卻只是關鍵資料，但它們不會自動從中分離出來。解決資料不清楚和不透明性問題的方法不在於資料量，而在於關鍵性。

關鍵資訊是決策的基礎

作為個體，我們無法應對處理如此龐大的資料量。人的大腦是解決問題的器官，而無法處理大量資料。但是，發現資料的關鍵性卻是人腦的一大優勢，關鍵在於我們是否願意去運用它。親愛的讀者們，倘若你在非洲大草原遇見了一頭獅子會怎樣做呢？你當然可以按照「羅列所有可能資料」的準則，搜集所有關於獅子的知識，如平均壽命、體型大小、體重、狩獵和養育幼崽的方式等。或許你無法全面地搜集到所有的資料，因為獅子就近在眼前。當然，你也可以全憑直覺，在零點幾秒的時間裡找出獅子的關鍵資訊（處於食物鏈最頂端的生物＝高度危險），然後逃跑。這當然更快，也更明確。

利用關鍵資訊，就如在大草原上面對獅子時的判斷，在管理時我們卻忘了這點。有個普遍觀點是「更多的資訊」就意味能更加清楚地「一覽全貌」，當然在某些情境中，的確會有由於資訊缺乏導致無法進行決策和管理的情況。

◆ 資訊過多或過少的結果都是一樣的——缺乏知識。

如何在資料洪流中分辨出關鍵資訊呢？作為管理者，怎樣才能做出正確的決定？這是個好問題，尤其在面對各種問題又無法做出具體預測的情況下。比如成功將新產品投放到顧客群，提升本季度的銷售額，找到技術解決方案，或是在變革過程中促使人們嘗試變化等。

讓我們再次回到《阿波羅13號》中的場景。為了營救整個機組人員，太空船必須斷電。於是，地面控制中心就開始尋找解決方案。這是一個未曾預料到的新狀況，更不用說去模擬這個場景。於是相關負責人執行了多軌策略：針對新的狀況，開啟模擬場景。另外，召集所有專家、包括設計太空艙內最小零件的專家，一起從整體探討研究此狀況，一個投入龐大的分析過程開始了。

但很快，人們就發現了新的問題：機組人員要轉移的登月艙並沒有配備足夠的氧氣。而唯一的解決方案也似乎不可能實現：將飛船方形埠的二氧化碳過濾裝置與登月艙圓形埠的空氣淨化系統相連。為了解決這個問題，專家們集中精力研究飛船中的可用材料，此時，他們所討論的是極有針對性的關鍵資訊。

你或許會說，在這個情況下，問題是相當清楚的，所以也能輕而易舉地找到其中的關鍵性。如果當前的問題是將產品投放到市場，那麼情況會怎樣呢？一定會涉及包括市場、客戶、目標群體、趨勢和前景分析吧？簡言之：人們會認為，這些分析能讓「市場」這個錯綜複雜的系統也變得可以預測。

◆ 一個產品或一種措施能否取得成功，無法用推理的方式保證。

通常人們在回顧一個事件的過程中總是很容易發現成功的原因，但要在市場上開展一些有依據的試驗，不是盲目而為，往往還需要其他的資訊。這時你當然可以仿效一些成功的模式。比如，當你發現有些動物的叫聲也被用於手機鈴聲時，便將海豹的叫聲作為備選鈴聲提供給顧客，做出一件「跟風產品」。

但是，要真正掀起一股引領市場的新潮流，這樣做是遠遠不夠的。你應該在自己的領域對各類事件保持高敏感度，對市場維持高度熱情，而不是純粹地做報告分析。蘋果公司具有卓越遠見的領導者賈伯斯就是最好的範例。iPod 的成功始於二〇〇一年十月，當時賈伯斯在發表會上出人意料地介紹了這款能夠儲存一千首歌的ＭＰ３。從設計角度來看，它與同類競爭產品相比顯得截然不同：不僅體積小、按鍵少，有硬碟，還能剛好放入口袋中。可以說這款 iPod 為蘋果之後 i 系列產品的成功奠定了基礎。

他在一九九七年回歸蘋果時，公司業績幾乎處於谷底。但短短一年之後，即一九九八年五月，蘋果就發布了 iMac。在四十五天內，這個新款一體式電腦就賣出了三十萬台。iMac 有別於其他灰色的普通電腦，色彩豐富，顯得前衛時尚，同時也成為青年人最常談論的電腦。當然，iMac 的成功還是要歸功於賈伯斯對市場需求的敏銳感知。

> 直覺是上帝的禮物，理性思考是忠實的僕人。我們現在創造了這樣的一個社會：尊重僕人，卻忘記了禮物。
>
> ——愛因斯坦

一九九九年，Napster 第一次在網路上銷售音樂，並迅速在全世界獲得了成功，標誌著從網上下載ＭＰ３格式的音樂已經成為一種趨勢。市面上很快就出現了第一批ＭＰ３隨身聽，從此人們在路上也能聽音樂了。生產第一台CD隨身聽的 Sony 錯過了這次發展機遇，而蘋果沒有。二〇〇一年一月，蘋果藉由 iTunes 服務開啟了自己的音樂業務，主要對年輕一代提供MP3服務。而這時，距 iPod 問世僅有九個月。

最關鍵的是，蘋果將時尚的設計和 MP3 的使用完美結合，因而贏得了眾多消費者的心。iMac 方便、清楚和簡潔的設計理念與 iTunes 一起，在 Mac 用戶和其他消費者群體中掀起了一股波瀾。

> 你不能只問顧客要什麼，然後想辦法做給他們。等你做出來，他們已經另有新歡了。
>
> ——史蒂夫．賈伯斯

也許眼下你正面臨著挑戰，必須要在公司內推進變革，所以就花大把力氣研究變革管理，這時你體會到了資訊在變革過程中的重要性。許多管理者常會疑惑：哪些資訊應該傳遞給哪些群體？又應該在何時以何種形式繼續傳遞下去？當然資訊不能過量，不應該對員工過分苛求。但資訊又不能過少，所有人最起碼應該瞭解其工作內容是什麼。

遺憾的是，許多負責人一直在透過管理這個有色眼鏡看問題。他們發布那些經過政治過濾的資訊，並用宣傳手冊和路演（roadshow）的方式推廣。這樣做很難引起消費者的共鳴，只能贏得很小一部分的客戶。只有少數人會為此感到興奮，願意去嘗試變化。那麼，問題的根源在什麼地方？是我們選擇了錯誤資訊嗎？還是資訊量過少？

我們通常事先不會知道，在我們的「組織」中，如何才能引起共鳴。只要正確的方法還沒有找到，資訊分配的過程就是一個試誤的過程。這個過程可能會進展得很順利，但也不見得一定會順利。如何找到共鳴點，德國的奧托集團（Otto Group）在其「強化集體意識」的全球專案中就做了很好的示範。

奧托集團──凝聚數萬員工

奧托集團在全球十九個國家擁有一百多家公司，約五萬五千名員工。二〇〇四年，人事發展部、市場部和公司聯絡部的負責人一致認為，加強奧托集團各公司之間的連結迫在眉睫。

強化組織內部的集體意識是關乎價值觀的工作，因為只有共同的目標和價值觀才能將人連結在一起，形成關係網。一個可行的方案是通過企業管理來完善核心價值觀。為了在整個組織中傳遞某種價值觀，相應的溝通聯絡措施必不可少。這就是為什麼有時候產生和分配的資料量很大，但是效果卻常常不盡如人意。而將「人」這個重要因素也囊括到方案中，探尋他們感興趣的因素，將會是一個更有效的方式。

因此，奧托集團選擇了一條不同尋常的路。中層領導們接受集團的訪談，並提出當前各個公司的價值觀。根據對各公司價值觀的分析，奧托明確描繪出一個共同的「價值觀地圖」。在該專案中，傳遞出的具體價值觀有：熱情、革新、網路式工作和持續性等。專案負責人藉此尋找公司中最顯著的共鳴點，然後採取針對性措施，激發和強化員工的企業認同感。

在這一點上，奧托集團同樣採用特別方式，也取得良好效果。在「奧拓集團里程碑一起造就更多」口號號召下，員工們參與彩繪石頭的活動，並將它寄回總部。每個公司的管理者同時也是此次活動的推動者，他們獨立舉辦了各種以「石頭」為主題的活動。比如準備彩色油漆桶，在餐廳供應特別餐：牛肝菌和花鰍（譯者注：這兩種食物的德語說法中均出現了「石頭」這個詞），或舉辦石頭派對。每收到一塊彩繪石頭，奧托集團就會為兒童援助專案捐助三歐元，而評選出的前三名每人將得到五百歐元的獎勵。

活動結束時，在漢堡奧托集團總部大門前環繞著三萬三千六百塊石頭。這個活動本身就是它所要傳遞價值觀的真實寫照：持續性（石頭）、網路式工作（合作和派對）、革新（每個公司自己組織的活動）和熱情（長時間創作，讓彩繪石頭成為藝術品）。奧托公司讓員工們充分參與其中，現有的價值觀又重新引起了人們的注意，並通過團體活動進一步強化。

◆ 當我們知道人們感興趣的是什麼時，就可以把它作為引起共鳴的觸發點。如果對它一無所知，所有的努力都可能會付諸東流。

找出並篩選關鍵資訊是一個值得思考的問題，到底該如何判定一個事情是否關鍵？又該如何在混亂的資訊流中準確找出那個影響我們未來發展的關鍵點？

微弱訊號——暗藏著機會與挑戰

回顧近年來的各種事件和危機，我們會發現，其實事情在發生前已有徵兆。無論是「歐洲鷹」還是「九一一」，前期的微弱訊號早就透露了結果。那麼，國防部和相關公司中有那麼多能人，為什麼這個無人機專案會發展成醜聞？他們是沒有注意到這些訊號，還是不願去注意？

一九九九年十一月，德國國防部和國防軍觀察員來到了加州愛德華茲軍事基地，觀摩全球鷹（「歐洲鷹」過去的名字）無人機的試飛，但在試飛兩天前卻由於軟體問題被取消了。其實，這已經不是第一次出現類似問題了。早在一九九九年三月，有一架無人機在接到錯誤的訊號後開啟墜落程式，墜毀於沙漠中。儘管如此，直到隔年三月才開始進行官方討論，評估全球鷹無人機。在一九九九年十二月提交給時任國務秘書的文件中，第一次提及了准入許可問題：「無論是准入許可標準，還是空運的相關規定都說明了，將高空無人飛機投入使用是有問題的。」

該專案失敗的一個重要原因是防撞擊系統的缺失。這個系統在歐洲領空範圍必不可少。自二〇〇四年起，專家就已開始反覆強調這個問題。如

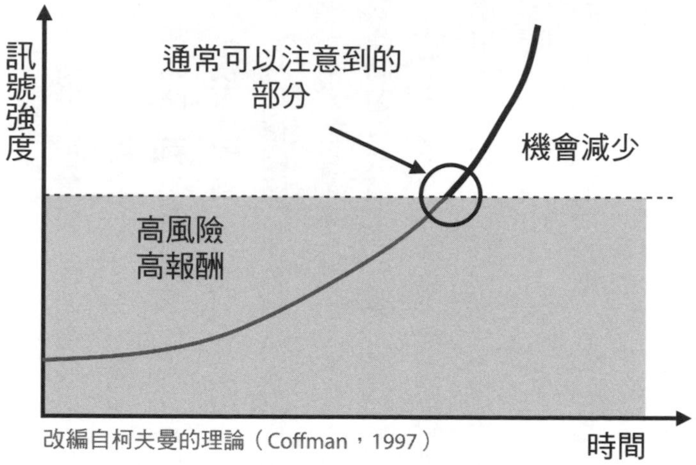

微弱的訊號是無法被發現的

果沒有配備該系統，飛機就只能在一個相對密閉的空間中飛行。比如二〇〇五年在德國範圍內進行的試飛。這次試飛中有著嚴重的技術問題，飛機失控，跌跌撞撞地衝向天空。二〇〇九年，國防軍需專家再次來到加州，當時製造歐洲鷹的工作已經結束，但飛機卻無法再次試飛。這種狀況一直持續到二〇一三年中旬，專案因部分失敗而宣告中止。而截至此時花費已高達六億歐元。

這些事件的新聞報導總是傾向於尋找相關責任歸屬，證明他的能力不足，或出現了人為失誤。顯然，這種做法缺乏遠見。而採用另一種視角來審視整個過程，將注意力集中在觀察、偏見和團體迷思上可以幫助我們更好地處理一些早期的預警和微弱的訊號。觀察、闡釋、得出結論和進行決策同時發生於個人和組織層面，因此對兩者都應加以重視。

客觀只是一個幻想

我們總認為，我們能夠客觀地看待事實，並做出客觀地判斷。但事實上，絕對客觀只是一個幻想。

◆ 管理者和領導者在判斷和下結論時必須小心這個陷阱，因為很多人會在這裡碰釘子。

在前文中，你已經瞭解了確認偏誤這個常見陷阱。我們挑選出資訊，用符合我們自己期待的方式來闡釋它，卻自動忽略不符合我們期待的內容，這種在注意力高度集中或面對未知領域時變得尤為明顯的心理現象就是選擇性認知。心理學家丹尼爾・西蒙斯（Daniel J. Simons）在每次管理人員培訓時都會進行「看不見的大猩猩」實驗，也成為被普遍運用的測試。觀察者要觀看一段影片，其中有身著黑色或白色T恤的運動員在傳球。他們的任務是要數出白衣球員的傳球總數。期間有一隻大猩猩走入球員中間，捶打胸膛後又消失在了鏡頭裡。

大約五十％的觀察者完全沒有注意到大猩猩的存在。他們過於專注在傳球上，而自動忽略了「無關」的資訊。甚至有的人事先知道這個影片，注意到大猩猩的上場，卻依然沒有發現影片中的其他變化。在這個測試的另一個版本中，更改了背景布幕的顏色，同時有一名黑衣球員退場。這些變化都與原本的目標數出傳球總數毫無關聯，它們因此被忽略或遮蔽。

注意力越集中，視野就會變得越狹隘，這是我們需要注意到的一個事實。此外，我們還應該有意識地訓練自己的注意力，以便能夠觀察到更多的資訊和細節。注意到微弱訊號意味著留心觀察：注意自身的觀察、理解和評價機制，注重環境和事件本身。

◆ 即便意識到情感和認知模式影響了所獲得的資訊，我們依然不是客觀的。

我們通過資料得出結論，對狀況、談話、某個人或團隊進行判斷。但這個過程中，資訊發生了扭曲，比如自我合理化就是其中一個可能的原因。我們會在事後找到具有說服力的依據，解釋事情的經過和狀況，但卻總試圖解釋得讓它符合我們的價值觀。這種情況在尋找他人或外界錯誤原因時經常發生。

或許我們會篤信自己的主觀想法，認為世界是積極的，心中所願會戰勝所有消極因素。但有時我們卻會犯基本的歸因錯誤，相比外界因素更傾向於把原因歸結於基本的人格態度。我們也可能把他人的行為和自己的行為相連結，有時程度深到讓我們自認為身處事件中心，並無一例外地從自己的視角詮釋整個過程。如此一來，又落入了自我中心主義的圈套。

蜂擁而至的資料洪流令人暈頭轉向，我們有時不僅會刻意找尋那些能證實我們想法的資訊，還會找尋那些能有力支援我們想法的資訊。致力於尋找志同道合者的人並不罕見，比如在會議中爭取每個人的認同，或者用諸如「難道你不也這樣認為嗎？」等表達來強化自己的觀點。如果管理者這樣做了，即便有許多員工私下並不認同，但給出的回應卻很有可能是肯定的。

從根本上看，這種方式可能會導致觀點僵化，不去尋找或觀察其他方面和資訊，在回顧時，就會認為之前的觀點「符合」事實。這種後視偏差是一種常見的曲解，導致人們認為自己原本的觀點和判斷與事實相符，我們早就已經料到結果了！事後人們總會高估自己對結果的預測，以及相應的關聯性、原因和理由等。

為何集體決議並不總是更佳方案？

一九六一年四月十七日，美國展開了入侵古巴的行動。作為中情局計畫的行動之一，約一千三百名古巴流亡者登陸「豬玀灣」（Bay of Pigs），他們的目標是要推翻卡斯楚政府。據特務的觀察，卡斯楚軍隊路線不僅模糊不清，甚至是錯誤的。人們篤信，在這次出其不意的行動之後，這支軍隊將分崩離析。但古巴軍隊的真正實力卻無人知曉。美國總統甘迺迪團隊所犯的一個致命錯誤是，他們認為古巴空軍實力很弱，很快就能打敗。雖然美國知道卡斯楚擁有蘇聯的轟炸機，卻推測該轟炸機應該沒有那麼快能投入使用。然而，他們卻忘記了從一九六〇年十月起古巴就擁有一批經驗豐富的捷克飛行員了。

約翰．甘迺迪在入侵即將開始前停止了對古巴流亡者的軍事庇護，同時在公開發言中強調，美國不會對他國進行軍事干預。美國預計古巴約有兩千四百名地下抵抗者願意為美國投入戰鬥，但這一消息的來源並不可靠。諸如此類的重大判斷失誤最終導致了豬玀灣事件的災難性後果。不完善的計畫以及溝通不順暢或許就是專家團隊所犯的最嚴重的錯誤。

那麼，為何這些所謂的專業人士無法判斷資訊是否有效，並做出可靠的決策呢？

團體迷思是指在一個團體記憶裡有著強烈的同類感。這種同類的錯覺有時真實到讓人不再質疑和檢驗某個觀點。

◆ 團體自認為無懈可擊，但卻因此導致了更多潛在的風險。

「在約翰．甘迺迪以及他所召集的所有人才的共同領導下，似乎沒有什麼能夠阻止我們。我們相信，憑藉著果敢、創新和不懈地努力，我們定能克服所有困難。」這是羅伯特．甘迺迪於入侵前一天在國防部發表的談話。而這種亢奮的狀態讓團體根本無法做出理智的決策，大家把普遍認同的觀點默認為正確的，甚至是實情。即便某個人有不同的見解，也不會表達，因為沒人想當「懦夫」，或者被排擠。對每個成員而言，從某個時刻起，團體中和諧的重要性要高於個人意見或是可能出現的風險。在此，團體迷思的效應與團體性知識的積極作用相互矛盾。

一九八二年賈尼斯（Janis）指出了團體決策中的七種錯誤

- 幾乎不去尋找預備方案。
- 沒有全面檢驗真實性。
- 沒有考慮或質疑偏好決策的風險。
- 沒有重新評估備選方案。
- 資訊管道不順暢。
- 在表達個人觀點時，傾向於篩選資訊。
- 未能更加完善嚴格的行動計畫。

那些早期訊號的強弱程度只有在討論中能夠加以論證，猶如拼圖一塊塊相連時才能顯現出它的意義。在這個過程中，合作、多樣性和資訊的自由交流發揮著決定性的作用。

二〇〇一年，在「九一一」恐怖攻擊發生的前五個月，美國聯邦航空署（FAA）收到了來自美國中情局、聯邦調查局和美國國務院的一百零五份報告。其中「奧薩瑪・賓拉登」（Osama bin Laden）和「蓋達組織」（Al-Qaida）等字眼共出現了五十二次。這些報告涉及各類機構和政府機關。但遺憾的是，它們未能被相互連結在一起，並從中得出有意義的結論。有一些線索在地方層面就被擱置了下來，而另一些則根本沒有被傳達。最終，儘管一些訊號早就存在，美國還是未能提前發覺恐怖攻擊的危險，至少沒能做出較為全面的瞭解。

資料洪流的管理

面對如今這樣一個錯綜複雜、充滿變化的工作環境，現有的管理知識與之並不相稱，也不夠一針見血。管理者作為個體，是無法完全掌控或理解一個錯綜複雜的系統的。與此同時，儘管我們在面對資料洪流時感覺「霧裡看花」，但卻一直有一種聲音促使我們去做出決定。這時就必須考慮到如下幾點：

面對資料洪流所要注意的問題

- 刻意封鎖資訊會對系統產生不利影響，導致員工間出現問題。
- 資料過量同樣會對系統產生不利影響，導致員工間出現問題。
- 做決定需要有關鍵資訊。
- 訓練你對市場、員工和發展的敏感度。
- 讓員工參與到工作中，而不是給他們過量的資料。
- 與員工保持對話，瞭解他們的想法和關心的問題。
- 對於被證實的錯誤、選擇性觀察、主觀想法和團體迷思保持清醒的頭腦。

在我們開始搜集更多的資料之前應該對選擇、闡釋和控制機制加以分析，學會發現關鍵性。

本章重點摘要

- 我們持續受到資料洪流和資訊匱乏的雙重考驗。
- 我們只能分析有限的資料，大量的資訊是無用的。
- 篩選關鍵資訊是大腦的強項。
- 微弱的訊號是機遇和風險的徵兆。
- 變化和危機總會有預兆。

陷阱7

信任雖好，控制更佳

他坐在會議桌的一頭，這是屬於他這個身分的位置，四周坐著他最信任的人。他的手放在桌面，目光掃視著全場，既尖銳又淡定。感受到他目光的人都不由自主地低下頭，看向地面。他管理著許多員工，肩負重責，也是一個野心勃勃、敢於冒險的人。

他所帶領的團隊，既忠誠又有執行力，有點類似警犬，聚精會神，時刻準備行動。而他本人則一直觀察著整個團隊，團隊成員要完成他所發派的任務，這首先是一種道德上的要求，如服從、紀律和從屬等。一旦略微偏離了他的規矩或出現了無心之過，就會立即得到毫不留情的懲罰。沒有人能對他的指示提出異議，他也從不願放下掌控權。

現在讓我們轉換一下場景：他的計畫如今深陷混亂，一切都毫無頭緒，擔心和恐慌的情緒已經在團隊中逐漸蔓延開來。一位管理階層同事建議立即改變既定方案，把一切重新帶回正軌。但他拒絕了，希望能繼續堅定不移地維持原計畫，因此所有的警示和建議都被他在會議上一一否決。至於整個團隊還能堅持多久，他給出的答案是：「管理階層能堅持多久，團隊就能堅持多久。」無論付出怎樣的代價，他的野心都不允許他改變原計畫、浪費時間。

就是這樣，不管在逆境還是順境，他都忠於自己的方式。管理階層一旦有了自己的想法，就會引發他的不滿。他要求員工們必須遵守他的制度和規矩。當他終於感到陷入絕境時，所採取的策略無非還是重蹈覆轍。最後不得不面對最糟糕的狀況，員工接二連三離職，直到整個團隊都背棄了他。就這樣，該來的總會來。布萊（Bligh）艦長最終還是帶著他的狗離開了龐迪號（Bounty）。

對了，剛才說到的這個場景出自一部好萊塢電影（譯者注：指一九六一年馬龍・白蘭度〔Marlon Brando〕主演的美國電影《叛艦喋血記》〔*Mutiny on the Bounty*〕）。影片講述了一個發生在十八世紀的故事。你可能會問：「一部電影與我們今天的企業有什麼關係？」其實，它們之間的連結遠比我們想的要多。你或許也曾在各式各樣的組織中遇見過「布萊艦長」，只不過他們偽裝得更好或在行動中更有策略一些。和龐迪號的布萊艦長一樣，我們的團隊、部門和企業的領導者也喜歡讓一切盡在掌控之中。他們希望知悉一切、理解一切和決定一切。

但是，他們一定不像電影中的布萊艦長那樣暴戾無道吧？這樣當然是最好。龐迪號在經歷一場暴風雨後，晚餐就開始進行特殊配給。而在現在的組織裡，流行的是獎勵制度，也就是「糖果」；當然，我從沒見過有員工遭到「鞭撻」（或五花大綁在桅杆上）。但是，我卻見過這些折磨方式的現代演變版，比如當著整個團隊的面訓斥某人，或故意隱瞞資訊，讓他走入陷阱或排擠他。諸如此類的做法屢見不鮮，也就是所謂的「鞭子」。

獨裁式管理可能是布萊艦長領導方式最貼切的名稱。時至今日，還會有人推廣這種管理方式嗎？據我所知，這種類型的課程根本不存在。「在培訓三天後，你將學會如何進行專制管理，學到如何壓制員工，確保獨裁。」的確，這種類型的廣告我從沒看見過。如果去公司裡訪問，哪一種是員工所推崇和需要的管理方式，「合作」和「參與」一定是最常聽到的答案。沒有管理者會說，自己管理員工就像「布萊艦長」一樣，而且覺得這種方式棒極了。儘管如此，如果仔細觀察，微觀管理、過多地控制、懲罰、不信任等情況仍然時有發生。所以，讓我們再回過頭來思考：既然沒人希望這樣，沒人做這件事或對此負責，我們組織之中的這種管理方式是如何產生的呢？這難道不是很可笑的事嗎？

尋找英雄

在龐迪號上，布萊艦長不僅僅是一個獨斷專行的指揮官，同時也是邪惡的代表。他的對立面，克里斯蒂（Christian）是一個獨具魅力、善良而富有正義感的人，是這個故事中的英雄。他在叛亂中發揮了絕對的領導作用，最後甚至親自向軍事法庭自首。因此，全體船員會無條件追隨他，並全力以赴，忠誠又積極。一直以來，幾乎每一個好故事都有一個英雄。以後也會是如此，因為這畢竟是我們心中所渴望的。

自童年時代起，童話故事、卡通、電影、寓言和小說中的英雄形象就伴隨著我們的成長。你童年和青少年時期的英雄是誰呢？彼得潘、超人、羅賓漢還是靈犬萊西？無論是誰，他都曾引領我們，帶給我

我長大想當……

們安全感。英雄們傳遞了成為一個好人的可貴價值，給予我們明辨是非的能力，讓我們思考自己是誰，要成為一個怎樣的人。他們往往以拯救者的身分出現，勇於冒險，超越自我，總有辦法解決問題，讓不可能成為可能，也滿足了我們對成功的渴望。所有英雄身上都有一個共同點，那就是他們都是成功者。

即便如今我們已然成年，卻依舊在經濟、政治和娛樂領域找尋著英雄。二〇〇九年，哈里斯民意調查（Harris Interactive）曾做過一項關於美國人心目中英雄的調查。結果顯示，歐巴馬（Obama）躍居榜首，緊隨其後的是耶穌和馬丁路德・金恩（Martin Luther King）。歐普拉（Oprah）和比爾・蓋茲（Bill Gates）分別位列第二十位和二十三位。而上帝則跌出了前十名，僅排在第十一位。受訪者們還說明了他們心中英雄的標準，最常被提及的是下列五項的美德或能力：

- 富有正義感，不計較個人得失——八十九％
- 不達目的誓不甘休的精神——八十三％
- 超乎期待地完成任務——八十二％

・能克服逆境——八十二％

・在危機中也能保持冷靜的頭腦——八十一％

或許你還能想到其他美德，又或許在上面提到的人裡並沒有你心目中的英雄，但毋庸置疑，你一定也有自己崇拜的人物。在公開場合，我們會接觸到各式各樣的英雄，無論男女（儘管女英雄相對更少一些）。愛德華．史諾登（Edward Snowden）——數位時代的英雄、賈伯斯——英雄和慈善家、尤利亞．季莫申科（Yulia Tymoshenko）——西方世界的女英雄：這些稱呼都清楚地表明了，他們都是當今的英雄，也在為我們指引方向，滿足我們對於成功的渴望，就和孩提時代一樣。

無論是童話故事，還是每天的各類報導，這些呈現於我們面前的英雄形象的確有許多共通之處。英雄就像一隻孤傲的狼，從一個不受重視的角色開始，堅持不懈地努力。人們擔心他、佩服他、喜愛他，為他而慶祝，因為他為正義而戰，而且幾乎總能獲勝。但最重要的一點是：英雄們似乎總能讓一切盡在掌握之中，能控制各種狀況、危機和混亂。那麼，問題就來了：「為什麼在錯綜複雜的狀況中不需要英雄呢？」

◆ 英雄和許多管理者的共同點——喜歡全盤控制，且細節也不放過。

一切盡在掌控?!

有時候我們會沉溺於自己的想像，認為我們能掌控客觀上來說無法掌控之事，而與之密切相關的是：我們是否置身於一個錯綜複雜的環境之中？和其他積極正面的想像一樣，這種幻想的確能激發我們的熱情。一九八〇年，哈佛大學心理學教授艾倫・蘭格（Ellen Langer）首先開始研究這種心理現象。她觀察到，人們在買彩券時往往會對精心挑選的數字給予更高的期望，這種傾向在賭場上也表現得尤為顯著。比如，當人們想要大點數時，就會用力搖骰子，反之就會較輕。一個人能夠施加的影響力越大，做的決定越多，這種想像的程度也越深。那麼，這種對控制的傾向源於何處？優點展現在哪些方面呢？

心理學家愛斯克・賈澤恩（Icek Ajzen）用他的計畫行為理論解釋了這

個問題。他認為，一個人需要相信自己擁有控制的可能性才能有所行動，否則他只會停留在計畫層面。但主觀感知到的控制力可能會與客觀實際有所偏差，或相去甚遠。對一個主題、問題或組織的瞭解越深入，就越篤信自己能對它加以掌控。

對控制力的想像促使我們行動，因為它賦予了我們安全感，沒有它我們將會在很多狀況下無所適從。這與我們對自我效能的判斷密切相關。例如，通過自身行為對事物施加影響的程度如何，怎樣進一步影響周邊的環境？應該如何評價自己在其中的地位，又發揮著怎樣的作用？其實最關鍵的並非行為產生了多少客觀影響，而是對自我效能的評判。

這點在一九七二年的城市噪音實驗中得到了印證。受試者分成三組，每組都拿到相同的校對任務。在同個時間內，被安排在充斥著街道噪音的環境裡。第一組的參與者能用按鈕關掉雜訊。第二組也能使用按鈕，但是他們被告知盡可能不要使用。而第三組則沒有任何按鈕。實驗最終需要比較哪組取得了最好的成績，並分析原因。

結果顯示，第三組的表現最差，在此情境下，受試者被嚴重干擾，無法掌控局面。而第一組和第二組表現相當，所有受試者都關閉了噪音。當然，他們不知道的是第二組的按鈕其實沒有用，但他們卻自以為產生了作用。

自我效能（或自我預期）是自認為能夠在具體情境中取得相應成績的一種想法。這種感覺影響到我們的觀察力、積極性和最後的成績。人們常常會將自我效能和控制信念相提並論，但卻混淆了這兩個概念。控制信念是指自認為無論如何都能對事情進行掌控，而自我效能是自認為能夠達成一種結果，但兩者都會對我們的行為產生重大影響。

這樣做不會成功！
無從做起！
這毫無意義！
沒有控制信念

我不會！
到底該如何進行？
我沒辦法完成！
沒有自我效能

控制信念、自我效能和行動的關係

・如果第一個人認為，因為沒有好的銷售策略，所以在下一季度提升銷售額是不可能的，那麼他將不會採取行動。（沒有人提出好的銷售策略，因此缺乏控制信念或自我效能。）

・如果第二個人認為能夠提升銷售額，但是他沒有任何銷售策略，那麼他也不會有所行動，但有可能會將任務指派給他人。（有控制信念，但缺乏自我效能。）

・如果第三個人認為能夠提升銷售額，也有相應的銷售策略，那麼他會立即行動。（兼備控制信念和自我效能。）

・如果第四個人認為，儘管有相應的銷售策略，但還是無法提升銷售額，那麼他依然不會行動。（由於沒有控制信念，因此沒有自我效能。）

控制信念和自我效能是人們篤信的想法，雖然有時是與現實毫無關係的幻想，但的確是我們行動的重要動力。我們在完成簡單或複雜任務時可能會產生控制錯誤，在錯綜複雜的狀況下亦然。這種錯誤往往打破了我們的希望，因為：

◆ 要掌控錯綜複雜的狀況純粹是幻想。

舊式英雄的時代已經過去

英雄們是孤傲的狼，畢生都在為理想和目標而奮鬥，但如今卻顯得不合時宜。總能高瞻遠矚，做出正確選擇的英雄們只存在於大銀幕上，他並不能適應我們當今的組織、專案和計畫。在錯綜複雜的情境下，領導者和管理者們更應該融入環境中，而不是發號施令。

你聽說過吉因．克蘭茲（Gene Kranz）嗎？相信很多讀者一定從電影《阿波羅13號》中知道了這個由艾德．哈里斯（Ed Harris）飾演的角色。克蘭茲是美國國家航空暨太空總署（NASA）阿波羅計畫的飛行指揮官。無論在現實還是電影中，他都是一位「現代英雄」，是阿波羅13號任務的拯救者，在返航中發揮了決定性的作用。與我們習慣的英雄形象相比，他並不那麼引人注目。飛船的氧氣罐爆炸後，克蘭茲就開始帶領大家尋找解決方案，確切地說是尋找各種解決方案，因為爆炸引發了大量的問題。克蘭茲意識到了問題的嚴重性，更重要的是，他馬上接受了現狀。正如他將核心團隊成員聚在一起時說的：「現在忘掉所有的飛行計畫，我們臨時接受了新的任務。」

永不言敗。

——吉因．克蘭茲

阿波羅任務提早結束已成定局，但隨之而來的問題是：「如何返航？」是掉頭還是繞月球飛？克蘭茲在專家討論時聽取不同的備選方案，然後決定哪些細節需要進一步研究，哪些分析必須進行，哪些專家要參與其中。他已經做好了在相關條件更改的情況下隨時撤銷行動的準備，也隨時準備接納新的想法和方案，不管它聽上去是多麼荒唐。無論是供電、氧氣損耗、尋找解決方案還是用空氣淨化系統將飛船和登月艙相連，克蘭茲總能憑藉經驗、直覺和信任等重要的決策手段應對這些重大問題。

◆ 我們如今所需要的英雄形象已發生了改變：從孤傲的狼變成了「融入團隊的發展助力者」。

有人可能會在此提出異議：「阿波羅任務是一個關乎生死的任務啊。」的確如此，但這並不足以構成一個反對意見。那麼，在人的生命不受威脅的日常情境中，我們又可以從這個例子中學到什麼呢？對我們而言，總有一些因素是特別重要的，如在錯綜複雜的環境中取得成功的能力、在變化條件下的適應能力和在組織中的生存能力等。所以，我們可以將這個問題理解為：「在複雜的情境下如何管理和領導？」

管理是調節，而非控制

一九〇八年，福特 Model T 開始生產。在接下來的一年中，它帶給整個市場和生產機制革命性的影響。亨利・福特希望借助此款車型實現他心中的夢想：讓所有人都買得起車。在此之前，汽車生產是一項昂貴耗時的工作，所以他認為應加快製造流程，把價格降到人們可承受的範圍內。

亨利．福特清楚，要實現他的目標，降低成本和改變製造流程勢在必行。參照屠宰場的模式，他改革生產線流程，提升了速度，但還遠遠不夠。於是他又聘用了弗雷德里克．泰勒（Frederick Taylor），他的研究重點是提升勞動效率。在分析生產過程及生產時間後，他首先建議根據工人不同功能和特點分派工作。此外，還可以取消所有不必要的流程和人員。

福特採納了泰勒的建議和基本管理理念，並開始不斷改革製造流程。一些小的必備零件會運送到汽車處，而大的零件則原地不動，這一變化持續加速了生產進程，但福特並不滿足於此。接下來，他在工廠中拉了一條鋼索，將生產中的車子懸掛於此，以減少整個流程的時間。在一系列優化製作流程的改革之後，福特終於建立了 Model T 生產線，製造一輛車的時間從十二小時縮短至九十三分鐘。

「美國汽車」的銷售價格不斷下降，福特 Model T 成了許多人買得起的車型，福特公司的銷售額也因此顯著提升。一九一七年，福特建立了世界上最大的汽車製造工廠，每天十萬名生產線工人能生產一萬輛T型車。當然，這段成功史也不是一帆風順的。在相當長的一段時間內，福特都不再需要專業技術人員。生產過程被切分成了細部，即便是非技術工人也能完成。這時，管理決定了生產線的節奏，進而決定了人們的工作節奏，沒有討論和商量的餘地，甚至工人去洗手間也要取得監工的許可。因為單調而高負荷的工作，許多工人只能在這裡堅持幾周的時間。

亨利・福特提出的解決方案就是加薪，他每天支付工人五美元，是其他公司的兩倍。福特之所以這麼做，當然不僅僅因為他是個好人或者他想留住工人，而是希望所有福特工人都有能力購買一輛T型車。他堅決反對工會，開除了想要加入工會的員工。他的人生信念是：多勞多得。所有的一切都必須隸屬於福特這個系統下，人們必須要遵守他的規則。

從許多意義和角度而言，亨利・福特代表了典型的美國夢、白手起家、夢想家、革新者以及控制型管理。他以目標為導向，對企業施加影響，決定所有參與者的行為。但這樣做卻使得回饋機制失靈或受到嚴重束縛。對福特而言，控制是一項重要的管理工具。工作時間、零件、生產流程、工人、工會、休息甚至去洗手間都在控制範圍之中，根本沒有員工發表意見的空間，當然在福特看來，他並不需要這些，畢竟管理的最終目標在於實現之前的分析結果，提升生產效率，使盈利最大化。

第一輛福特 Model T 生產於一百多年前，但直至今天，控制、紀律、效率、可靠和精確卻依舊是我們組織中管理的關鍵價值。

◆ 福特式的管理思路還依然在許多人的頭腦中根深蒂固。

這也解釋了為什麼效率的提升仍舊是許多管理的主要目標。如在下一年提升生產率，實現銷售額的成倍增長等，似乎沒有外界因素會對此產生影響。而我們如今面臨的已經不是一九〇〇年的汽車市場，而是二十一世紀錯綜複雜而又充滿變化的挑戰，其中涉及的也不再是單一產品的線性生產，而是我們無法掌控或決定的因素之間的相互作用。過去的老方法已經無法解決新的問題，這也是我們所必須接受的差異。

調節複雜系統過程中會面臨的挑戰

本書第一章已經詳細闡述了複雜系統的基本特徵，在這裡我會再次羅列要點，描述它們給管理過程帶來的一些挑戰。組織管理也由於這些挑戰形成了不同的困難和任務。

非線性讓預測變得不可能

亨利・福特可以拆分 Model T 的製造過程，掌握和優化每個步驟，因為製造這種類型的汽車是困難且線性的。而傳統的拆分法在錯綜複雜的系統中卻不再行得通。複雜的東西在經過拆分後依然是複雜的，每個管理者和領導者都必須面對這個事實並問問自己「我是否能夠或依然想要這樣做呢」？

許多管理者憑藉他們的專業知識平步青雲，在「有序」的世界裡如魚得水，但他們更應該反思，如何打破既有的專業化模式。不可預測性往往包含著不確定未來會怎樣，這對決策和員工管理模式產生極大影響。

關係網絡和變化性

萬事萬物都是彼此連結的，對此大多數人都深表認同。但對管理而言，這究竟代表著什麼？是否代表著我們實際上根本什麼也不能或不需要做？其實並不然。對關係網絡而言，控制的意願往往是一種極大的干擾因素。想要掌控一切的管理者或領導者人為地干擾關係網絡，擾亂了整個系統。像是與隔壁部門保持距離，故意不把一些資訊告訴某某同事，或者不做某某領域的前期準備工作等，這些都屬於對關係網絡的人為干擾。

另外，未加思考而建立的關係同樣會產生負面影響。當然這並不代表著毫無計畫地將盡可能多的因素連結在一起，而是指在意識到不可預測性的情況下依然盡可能地以目標為導向。同時，複雜系統具備一種自身固有的變化性，不以管理的決策或刺激為轉移，而是不斷向前發展。關係網絡帶來了作用和反作用，這就迫使管理者採取行動，儘快做出決策。無作為或太晚決策都會喪失人為調節的良機，讓項目的發展全憑固有變化擺布。

關係網絡和變化性導致了不透明性

讓我們再想一想吉因．克蘭茲，NASA 的飛行指揮官。他並不能完全瞭解和掌握飛船和登月艙上各種技術設備裝置的相互作用，因為實在太錯綜複雜了。但儘管缺乏許多要點和資訊，克蘭茲還是必須做出決策。複雜系統的一大特點就是不透明性，這就增加了決策的難度。由於它的變化性，我們不僅要考慮眼下的狀況，也要考慮未來的發展，這就表示我們要在有許多不確定因素的狀況下行動。

自組織不是構建的，而是自主形成的

我們往往會妨礙自組織的發展。許多身居管理要職的人都認為，是他們允許或推動了自組織的發展，但事實並不盡然。每一個複雜的系統，包括團隊或部門等社會系統在內，都是以自組織的形式運轉。但它絕不等同於放任主義，更不是說管理者們從現在起就可以高枕無憂了，反而恰恰相反，自組織是以清晰的規則和過程為基礎。

無論是公司、部門、專案還是某個系統都有自身需要完成的任務，即通過管理進行經常性的評估，以持續的回饋調整發展路線。只有在所有參與方都能夠承擔自身責任，相互作用關係準確發生，並形成最大的透明度時，自組織才能真正地「產生作用」。

回饋是「調節器」

系統所做出的回應就是回饋，是區分控制和調節的重要標誌。這種手段其實一直存在，只是我們沒有充分意識到它的重要性，是我們在複雜系統中所擁有的唯一一種調節機制。每一次行動和決策的結果都是下一次行動和決策的前提條件。那麼，為什麼我們常常不願意去審視和傾聽呢？

很簡單，在複雜的計畫中納入回饋機制通常意味著修正決定和更改路線。如果回饋是積極的，則表示目前做的是正確的，應該繼續下去。這是我們最希望聽到的，因為這樣我們就可以維持當初的決定。消極的回饋則意味著：有些部分進展差強人意，急待改進。這不是我們愛聽的結果，會讓我們感覺不舒服。而如果沒有回饋就表示一切正常，可以繼續進行下去，實際上也是一種潛在的積極回饋，會導致我們繼續推進目前的做法，不做更改。如果開會有人遲到卻沒有加以管理，那麼長久以後就會形成一條不成文的規定：遲到沒事，在這裡可以為所欲為。

◆ 消極回饋才是真正意義上的調節，並構成了管理工作的基礎。

在不確定的狀況下做決策

管理者和領導者的工作就是做出決策，恰恰此時他們會碰到任務和組織中的各種複雜性。在複雜情況下為人熟知的安全決策在這時已不再成立。我們常會捫心自問：要如何解釋我的決策？知識和可預測性都已不再是決策的基礎，而試驗—分析結果—做出反應的模式才更貼近複雜系統中的決策機制。

在有關〈陷阱4〉的章節中，我已經提到了試驗法的一些要點，因此在這裡我將提出一個新的問題，即如何能成功完成試驗呢？答案是：借助集體直覺，而不是某個領導者或管理者的個人經驗知識。我們總是從某個特定的情境中獲取經驗，一旦現實狀況發生了變化，運用之前已有的經驗不僅沒有多大的意義，還很有可能導致決策失誤。因此，我們需要來自系統和所有參與方的直覺，由個體決策向集體直覺轉變也符合「阿什比定律」（Ashby's Law）：即用複雜的方案解決複雜的問題。

在不確定的狀況下進行管理

毋庸置疑，員工需要管理者引導方向，但這並不意味著員工們總是需要百分之百的確定性和明確的預估。獲得引導的途徑一方面來自專案和公司所宣導的願景。這種願景不應該只是目標的簡單重複，諸如「銷售額翻倍」或「在市場上成為某某公司的有力合作夥伴」等都不屬於願景，因為它與情感因素無關。願景是一種情感共鳴，也是一種高要求，它能夠幫助團隊度過難關，因為人們可以將符合自身情感的藍圖與任務相結合。

引導同時也來自於共同的價值觀，既不是華麗的辭藻，也不是市場部門張貼在走廊上乏人問津的標語，而是反映在行動和交際中真正有生命力的價值觀。基本價值觀構成了所有參與方在系統中行動的堅實基礎。它讓控制變得不再有必要，因為行為都是由價值觀所決定的。在這一框架內，人們可以盡情嘗試，也可以在失敗後摒棄某種方式。但無論如何，因為基本的導向早已確立，可以把混亂控制在一定的範圍。

想要理解，先要行動。

——奧地利裔美國科學家，海因茨・馮・福爾斯特（Heinz von Foerster）

管理是理解和評估

當今世界，複雜性正在日益深化。為了確保未來能成功地進行組織管理，管理模式也應隨之持續發生變化。那麼，管理階層的任務究竟是什麼？如果想在這裡讀到「管理的十二條黃金法則」的話，那麼恐怕你要失望了，因為沒有什麼所謂的秘訣、最佳方案和成功捷徑，你自己就是大展拳腳的「主廚」，具備創作力和適應力，能在不同的情境下靈活變通。擁有經驗，也知道如何恰當運用經驗，不抱怨當前的狀況，充分利用自己能支配的條件。這時，你不是複雜性的犧牲者，而是主人。

◆ 問題不是「如何管理一個複雜的組織」，而是「如何在一個複雜的組織中進行管理」。

和員工一樣，管理者和領導者也是系統的一部分，沒有孤立在外或高高在上的「管理部門」。因此，過去那種全面瞭解、一覽全貌和完全控制的管理方式已經過時，人們對於管理的刻板印象急需更新換代，而管理階層的任務也將隨之改變：成為系統的理解者和評估者。

理解並且評估系統的管理者

- 經得起複雜性的考驗。
- 發現相互關係及其模式。
- 利用自己的知識促進發展，形成共鳴。
- 評估系統行為，將回饋作為調節器。
- 為關係網絡的發展留出相應的框架和空間。
- 善於運用集體直覺和智慧。

本章重點摘要

- 控制是自我行動的重要動力。
- 錯綜複雜的狀況是無法控制的。
- 人人都想成為英雄，但「舊式英雄」已經過時。
- 複雜性可以調節，但無法控制。
- 複雜性是我們當前面臨的挑戰。
- 管理者和領導者的主要任務是理解和評估。

陷阱8

競爭帶來活力

我常會在看電視時不停轉換頻道，久而久之，就從這些天天在客廳裡上演的遊戲節目、真人秀、競技節目和紀錄片裡發現了其中的一些門道。我看到了體型較胖的普通人坐在稻草球中，練習快速滾過障礙物跑道；我看到了許多名人，各自在鎖住的房間中互相比拼；當然我也看到了名人和普通人組成的混合團隊參與知識競賽或體力遊戲。最後，還有選手在穿越地球的過程中必須經歷一系列殘酷又相當瘋狂的挑戰。

所有這一系列節目都有一個共通點——都與競爭有關。比如減肥速度比較快，減重數比較多，堅持得更久，知道得更多，跳得更高，下降距離更大等。我們就是喜歡看這些，不是嗎？

「競爭帶來活力」，這是一句至理名言，的確有很多參賽者會因為不想取得最後一名而減更多體重或堅持更久，因此也有參賽者被安排在安靜的房間，在缺乏動力的狀況下進行比較。當然，人們期待能藉此突破極限。那麼問題就來了，這裡打破的到底是成績的侷限，還是好的審美品味？為什麼要這樣做？其價值何在？

在上述所有的競爭中缺乏一個重要因素——市場。這種競爭無益於公眾，在節目播放期間也不能改變任何現狀，僅僅被用於實現個人目的。對此你可能會持不同觀點，認為：「沒關係啊，只不過是體育競爭，又不是市場經濟領域。」這種看法很有說服力，但依然還存在一個問題：我們會將這種競爭思維原原本本地轉嫁到我們的組織中，認為競爭會帶來更多的成績、想法和革新。

許多管理者都極其信奉這個理念，相信「內部競爭」可以激發員工創意，不斷提高業績。這在業務部門表現得尤為明顯，人們常會認為，業務或業務主管，尤其是「金牌業務」等出類拔萃的人對競爭往往有著濃厚的興趣。

就像我們常在節目裡看到的，為了保持競爭的「公平公正」，通常會採用評分制。只不過在工作中，我們不叫「分數」，也沒有人會說：「讓我們來看看現在的比數。」它在工作領域被稱為「關鍵績效指標」（KPI），而這種形式則被叫作「獎勵系統」。根據參與者有明確標準的表現來決定其所獲得的金錢，也是遊戲和銷售產業的基礎。但又有人會質疑：這樣的比較是否太過牽強附會了？人們自然能夠分清電視節目和現實。

即便如此，我們依然可以去比較隨後的行為和機制。目的明確的競爭促使人們在各自的領域「做到最好」，比如每個業務會努力賣出商品，爭取最高的報酬。他們會小心保護客戶資訊，在傳達資訊時也有所保留，盡可能提高KPI逐漸成了主要目標。但很多人卻忽視達到一定數值並不表示實現了公司目標。許多人對所謂的穀倉心態（silo mentality）和彼此之間的競爭趨之若鶩。系統是自組織式的，當競爭成了「約束條件」，人們可會相應調整自己的行為，紛紛投身其中。這對於組織本身以及更高的目標是有害的，長久以來在組織中就形成了一種錯誤的趨勢。

競爭能帶來活力，至少在市場環境缺乏的情況下的確如此。但長遠看來，並不利於創意和創新的發展，最後得到的結果可能也只是競爭而已。在觀看綜藝節目時，你是否想過，如果參賽者用合作取代競爭會有什麼效果？對於現實生活，尤其對於錯綜複雜的環境而言，這點尤為重要。

競爭是與生俱來的嗎？

競爭似乎無所不在，就好像我們每天都在與他人比賽。停車時，想要離出口更近的位置；在餐廳排隊時，想要排得更前面；開會時，不希望其他部門的同事有更長的發言時間；認為新同事不應該拿更高的薪水等。競爭隨處可見，特別是在我們自己心中，也因此至少在自然界和市場經濟這兩個領域中，競爭一定都會存在。「市場經濟」這個名稱本身已經透露出了其競爭的本質，但我們也常常在非市場領域強調競爭。問題是，我們為什麼要這樣做呢？除此之外，是否還有別的方式？

◆ 長時間的同類競爭勢必會導致一方的失敗，因為勝者只是少數。

現在讓我們回到必要競爭的典範——自然界。無論在物種內還是物種之間都會競爭，有的關乎食物，有的則關乎繁衍。後者對於物種的延續有著重要的意義，也是合乎自然規律的。比如當狗在樹木、長凳和石頭的周圍撒尿時，是在宣誓領地「主權」，宣告這個區域內所有的食物和母狗都屬於牠。

這種對領地「主權」的維護方式在企業中也屢見不鮮，在管理階層中有時表現得特別明顯。比如辦公室的規模和布置、配備的公司車以及開會時對位置的要求等。一般管理者的位置總是特別大，他會把各種各樣的東西放在周圍的椅子上，給自己留一個非常寬敞的空間，這樣做的同時，也就自然畫出了他的領域。但在這裡，競爭的意義何在？雖然並非毫無可能，但工作場合中的競爭幾乎很少是為了食物和繁衍的，更多的是為了獲得認可、權力、職位、金錢、事業和地位等。而有時候，人們競爭的是「誰的壓力最大」，這就顯得頗為荒謬了。每個競爭者都相互吹噓自己工作量最多，時間最長，加班最久。

這種競爭勢必無法帶來革新、創意和效率，它最多只能把每個人都變成一棵「胡桃樹」。為什麼這樣說呢？因為這種樹木的葉子有毒，毒素可以到達根部，影響到其他物種的生長，排擠周邊的「競爭者」，唯一能在胡桃樹周邊生長的就只剩下蕁麻草了。

◇「人生就是一場競爭」這樣的想法在我們的腦中根深蒂固。

我們將它奉為至理名言，並堅信其他人也會這樣想。

競爭是與生俱來的嗎？是的，但它並不是我們所能選擇的唯一策略。

儘管如此，我們依然對此深信不疑。日常生活中，競爭的例子屢見不鮮，這似乎讓我們很難逃離競爭觀念的牢籠。但是，自然卻也展示了合作同樣也能夠成功的案例，不僅對群體，也對每一個個體產生了積極的作用。那麼，在錯綜複雜的情境中，合作和競爭的意義又何在呢？

競爭還是合作？

下面這個場景相信你一定不陌生：作為一名主管，你遇到了無法解決或預估的問題，於是便指派兩名最得意的員工尋找解決方案。他們要獨立展開工作，彙報自己認為最棒的想法。但這種任務分配方式的言下之意是兩名員工間要互相競爭，發揮最大熱情，傾其全力，找到最佳解決方案。

如果這個情況發生在一個相互信賴、開誠布公的環境中，那麼一定能發揮作用。但事實上，大部分情況下兩者對他們之間的競爭並不知情，或是把個人目標和動機與之相連，這就大大降低了競爭的促進作用。而在錯綜複雜的情境中，這種做法也有很大的弊端，造成的穀倉心態和利己主義的交際行為，對掌控錯綜複雜的狀況十分不利。其實，複雜性已經超出了個體的認知能力範疇，所以專家也無法對任務和問題進行透徹分析，唯有依靠集體的智慧。

- 複雜性意味著關係網絡的多樣性。隨著關係網絡的增加，複雜性也隨之提升，而非只有單純的線性關係。

讓我們再回憶一下阿什比定律的核心思想：用複雜的方案解決複雜的問題。針對穀倉心態和殘酷競爭的心態，我們需要提出解決方案，即實現至少與競爭同等程度的合作。

合作意味著信任

工會與企業談判，這已經是相當司空見慣的事了。二〇一四年起，漢莎航空（Lufthansa）和飛行員工會 Cockpit 就因為五千四百名飛行員的過度期養老金問題而談判。在此之前，飛行員最早的退休年齡為五十五歲，實際退休年齡為五十九歲。漢莎航空對此表示無法接受，並希望能將最早退休年齡定為六十一歲。數月以來兩方相持不下，期間飛行員還罷工。漢莎航空發言人宣稱，工會在談判進行前就已經有罷工計畫。

而工會公開回應，指責這樣的揣測非常厚顏無恥。他們認為漢莎航空想以犧牲員工利益為代價提升利潤，他們正就下一輪談判到來前是否提起勞動訴訟徵求工會成員的意見，考慮是否要進一步對話，還是立即展開第二次罷工。整體來看，這些其實都是談判雙方的立場，即便不深究細節，這場爭論中所缺少的部分已經顯而易見，那就是信任。雙方互不信任的結果就是形成了相互對峙的立場，用威脅的手段而非以理服人。在這種情況下要達成合作是相當困難的，最後往往以草草「停戰」或勉強妥協告終，必有一方終將成為失敗者。

漢莎公司飛行員罷工事件只是眾多由於不信任或缺乏信任導致協商失敗的案例之一。沒有信任，就沒有合作。缺乏合作，形成的只是爭端而非解決方案。那麼，人們要怎樣做才能達成一個合作型的解決方案？在這樣的爭論中保持強硬態度，不是理所應當的嗎？如何做才能實現雙贏？實現合作和信任需要哪些因素？

在科學家羅伯特・阿克塞爾羅（Robert Axelrod）和保羅・扎克（Paul

Zak）出乎意料的實驗研究結果中，我們找到了答案。

你怎麼對我，我就怎麼對你

阿克塞爾羅德在二〇〇九年的著作《合作的競化》（*The Evolution of Cooperation*）中提出了著名的針鋒相對策略。他在書中也描述了如何在短期看來利己行為更為正確的狀況下實現合作。這種想法和模式的出發點正是博弈論的重要組成——囚徒困境。這是一場零和遊戲，參與雙方互不能見，更無法相互交流。在經典模式中，兩位參與者都是被逮捕的銀行搶劫犯，證明他們有搶劫罪的證據不足，但由於非法持槍，兩人都將面臨三年的監禁。

檢察官提供了減刑條件給他們，他說：「因為非法持槍，所以你必將面臨法律的判決，這意味著至少三年的牢獄之災，但也並非沒有斡旋的餘地。如果你坦白，我們就放了你，但你的同夥將被判刑十年。如果你保持沉默，但你的同夥坦白了，那麼結果就截然相反了。你的同夥將獲得自由，而你則會被判十年。如果你們兩人都坦白，兩人都會被判五年。」基於這個情境，兩位嫌疑犯有以下不同的選擇方案：

	嫌疑犯B沈默	嫌疑犯B坦白
嫌疑犯A沈默	兩人都判三年	B釋放，A判刑十年
嫌疑犯A坦白	A釋放，B判刑十年	兩人都判刑五年

兩人都有充分的理由坦白，捨棄自己的同夥，因為自由當然比三年監禁要好。但前提條件是，同夥必須要忠實地保持沈默。而即便同夥沒有選擇沈默，五年監禁也要好於十年。博弈論中把這種行為稱為「背叛策略」。只有當雙方都選擇沈默，才能實現雙贏，這意味著他們必須彼此合作，而此時信任的重要性又得以突顯。如果兩人是為了搶劫銀行而聯手，之後互不相干的話，那麼背叛策略無疑是「最理智」的一種選擇，也是爭取個人利益最大化的一種嘗試。

◆ 競爭的雙方越陌生，他們為彼此考慮的可能性就越低。

在乘坐交通工具或爭一處最好的停車位時，我們常可以看到這樣的情況。但是，一個彼此有關係的（工作）環境也會影響我們的選擇。

那麼，你的組織是怎樣的呢？它的框架條件是鼓勵合作還是競爭？

	是	否
尊重是跨部門合作的基礎。		
各個團隊之間密切合作。		
團隊間能相互協調配合。		
歡迎並能積極展開資訊交流和聯繫。		
能事先給予信任。		
合作進行地卓有成績（表現為聲望、時間等）。		
競爭是不受歡迎的。		

如果你大多數的選擇都是「是」，那麼你所在的組織已經走上發展合作的良性道路。

在囚徒困境的不同選擇方案中，有一種方案適用於一面之緣的情況，如在超市前爭奪最佳停車位或從火車上下車時，並沒有理由設身處地替別人考慮，因為我們不會再見到這些人，所以可以心安理得地爭取自己的利益。但阿克塞爾羅的研究是以在團體中生活共事，經常遇見的人為基礎的。如果我們每天坐同一班車遇見同一群人，事情會有怎樣的變化呢？哪種才是最佳策略？合作和背叛策略之間的轉變又是怎樣的？

在反覆研究囚徒困境後阿克塞爾羅找到了答案。在研究中，他將困境簡化成電腦程式，邀請不同的專家為囚徒擬定策略，讓兩個囚徒展開競爭。許多數學、資訊和心理專家都應邀提交了不同的策略。最後，有一種策略被確定為最佳，即「以牙還牙策略」。這個由阿納托·拉普伯特（Anatol Rapoport）開發「以其人之道，還治其人之身」的策略遵循的是一種簡單模式，囚徒一開始先選擇合作，然後採取對手前一回合所選擇的策略。當其他「理性」策略在長時間運用後逐漸導向共損局面時，以牙還牙策略的表現不僅優於其他策略，還推動了良好合作的形成。

阿克塞爾羅得出結論：從中長期來看，在受競爭影響的環境中，以牙還牙策略才是一種穩定的策略。但與此同時，我們也看到了其中的限制。在現實生活中採取行動的是人而非電腦程式，所以以牙還牙策略容易出現問題。如果一個人出現失誤，選擇背叛而非合作，根據拉普伯特的理論，對方的下一步也會選擇背叛，如果兩個人採取的都是以牙還牙策略，這種相互背叛的情況就會無止境地迴圈下去。對於現實生活而言，「兩報還一報」的方式或許更為適合。只有當對方出現了兩次背叛行為後，人們才會用背叛的方式去回應對方。這種策略原諒了偶爾失誤，留出了更多餘地。

你怎麼對我，我就怎麼對你

我們的機構處於混亂狀況時，選擇怎樣的策略取決於許多因素和當下情境。

◆ 但有一點是毋庸置疑的：合作的前提是信任。

如果缺乏信任，人們很有可能就會選擇利己的方式。或許你會想，如果有一種能夠調控信任的機制就好了。那麼我告訴你，它的確存在。

沒有催產素就沒有信任

「是否有種因子在影響著我們的道德感？」美國精神學家保羅・扎克就深入研究了這個問題。他給出的回答是：「的確有——它叫作催產素。」催產素產生於我們的血液和大腦中，但只有少量分布。此外受周圍溫度的影響，它的半衰期只有三分鐘。保羅・紮克在確認催產素是控制道德感的重要因數後，就著手進行了一系列研究。

可信度是第一項研究的主題。他邀請許多人來到他的實驗室，並在實驗前後測量他們體內的催產素值。實驗開始時所有人都有十美元，他們可以選擇將其中一部分或全部的錢交給另一名完全不認識的參與者，也可以選擇不把錢交給他，但所轉交的錢會增值三倍。參與者之間既不能看見彼此，也不能相互交談，但他們可以自行決定保留或返還的金額。每個人都要判斷，被轉贈的那個人會返還一部分錢還是會獨吞。如果不信任彼此，那麼最好的選擇就是自己保留那十美元。實驗顯示，收到或轉贈的金額越多，催產素的數值就越高。

此項實驗在世界上曾多次進行，並得出了一致的結論：如果在第一次金錢轉移中缺乏信任，參與者在第二次中的可信度就會下降。然而保羅・扎克並不滿足於此，他還測量了與催產素相關的其他因數，並試圖探尋它們影響大腦的可能性。最終，他利用吸入裝置找到了新的方法。測試小組的兩百多人都吸入了催產素或安慰劑，在這種情況下再次進行實驗。吸入催產素的參與者給出的是之前的兩倍，乃至全部的金額。扎克因此得出結論，催產素提升了對他人的信任感，以及我們的共感力。

該結論的言下之意是人不僅有合作的能力，相比競爭而言，人們更傾向於合作，至少在測量到催產素存在的情況下是如此。而與之相對立的是壓力抑制了催產素的刺激，降低了共感力。在壓力之下，人們會傾向於不信任或小心行事。所以我們也應該思考，在一個混亂的情境中面對巨大壓力時，簡單地「命令」員工合作是否合適，因為這會讓他們感到困難，而他們也需要一個強而有力的支援。在類似於漢莎航空和飛行員工會這類棘手且有些進退兩難的協商中，裝設催產素吸入裝置的做法或許值得一試。

如何在員工中建立並獲得信任

- **實踐你的主張：**信守承諾，說到做到。如果做不到，就讓大家知道。
- **事先給予信任：**作為管理者或領導者應給予員工足夠的信任，合作始於自己。
- **做出表率：**請注意，在你與其他部門、同事、領域和企業接觸的過程中，員工也在觀察著你的可信度。
- **實現資訊透明：**及早給予員工全面和盡可能詳細的資訊，對尚未決定的情況亦然。如果不這樣做，每個人就都會有自己的猜測。
- **堅持事實：**請保持誠實。
- **值得信賴：**不要用雙重道德或標準來要求自己和員工。員工需要知道，你會在哪些方面支援他們。
- **開誠布公：**分享你的想法和情感，平等相待。
- **彰顯才能：**能力能為你取得信任，請充分利用這點。
- **願意並能夠傾聽：**重視並注重員工的利益和想法。

合作必須有價值地進行

競爭之於合作就如同利己主義之於自我奉獻？我們就只需要其中的一個，而不需要另一個？絕非如此，競爭從不意味著自私地獲取利益，合作也從不意味著所有人都相親相愛，事實正好處於兩者之間。對於複雜組織的領導者和管理者而言，認識到競爭絕非成功的必經之路是相當重要的。競爭並不意味著為了提升產量就要將兩個流程進行線性比較，其實更意味著為錯綜複雜的問題找到新的想法和解決方案。在日常生活中，許多人看到多是權力鬥爭、資源競爭、通過封鎖資訊獲取利益和許多其他的競爭手段。的確，不少組織如今還處於進退兩難的境地，競爭常被獎勵，反之合作卻不能獲得明確的認可，而這恰巧就是我們必須要改變的地方。

> 不應責備失敗，而應指責那些不尋求或不提供幫助的行為。
>
> ——樂高CEO，維格・納斯托普（Jørgen Vig Knudstorp）

伊夫・莫里耶（Yves Morieux）和彼得・托曼（Peter Tollman）在他們

二〇一四年的書《新管理的減法：六個簡單規則，找回管理該做的事！》（*Six Simple Rules: How to Manage Complexity without Getting Complicated*）中以一家鐵路公司為例描述了這種狀況。火車準點到達是該公司成功的一個決定性因素，但在過去幾年中，準點率明顯下降，僅為八十％。這讓管理層無法接受，於是便開始推行各類改善專案，如更新交通管理系統，優化清潔流程，建立誤點監督部門等。所有的舉措都略有成效，但很快就被摒棄了，因為它們並未帶來足夠的成功。這是一個典型的試錯法，人們希望通過這種途徑去簡化、嚴密、推進或控制現有的狀況。

莫里耶和他的同事們建議相關管理者在全體員工中提升合作，而非依靠個人的責任，在完善過程中投入更多資源。但這個方案卻在實踐過程中引發了巨大不滿。一位負責設備保養和清潔的員工說：「目前合作真的不是我們的問題。如果所有人都做好自己的工作，就能實現準點。我只負責保持火車清潔，讓火車在保養後準點到達。」

諸如此類的觀點展現出了組織中根深蒂固的穀倉心態和行為。由於從未涉足自身領域之外，員工們對本職工作所能夠產生的影響一無所知，他們的思維也僅限於自己的領域之中。火車司機、設備保養人員、清潔人員和車站員工等在工作內容和時間等必要方面毫無交流。如果某個環節需要比預期更長的時間，其他部門將不會得到通知或提醒。

而一旦危機來襲，情況就會迅速發生改變。比如在極端天氣條件下，所有部門將會立即啟動便捷聯絡和快速回饋管道，共同尋求解決方案。但人們卻覺得在正常情況下，這樣操作是沒有必要的。莫里耶認為，管理的一大任務在於鼓勵和促進員工之間的合作。在尋找這個推動因素的過程中，他們發現各部門主管的實際目標並不是確保火車準點，而是確保不出錯。沒有人想要成為造成誤點的責任方，陷入為此負責的尷尬境地。甚至在改善項目中，也明確提及此點。發生誤點時，新的交通管理系統能顯示哪個部門出現了問題。當然，根據歸因原則，該部門就要為此承擔相關責任。

◆ 沒人想成為犯錯那方，所以沒人願意表現出自己的錯誤，承認自己的工作延誤，或是向他人求援。每個部門都嘗試獨立解決問題，這就進一步強化了穀倉心態。

在深思熟慮之後，鐵路公司的管理階層決定採取極端措施：今後凡是沒有參與合作的部門，都將「被視為是有責任的」。這就意味著，當A部門遇到了問題或需要更長時間時，便向B部門尋求幫助。如果B沒有配合，它就要對誤點負責。拋開歸因原則，這裡採用了合作原則。如果A部門沒有尋求或配合幫助，它自己就要承擔責任。這時的問題不再是：「是哪個部門導致誤點？」而是「哪個部門沒有配合解決問題？」這種方案聽起來似乎是一種硬性規定的合作，也適用於實際情況，但會不會因此遭到員工們的反對呢？實際情況恰恰相反。方案中最大的改變莫過於尋求其他部門的幫助，而這種基於互幫互助的合作手段很快就被接受和推行。

當然，要改變穀倉心態任重道遠。也有一些員工，他們一開始在心理上就對新措施持排斥態度，改變做法只是迫於壓力，最終還是需要摒棄內心固有的駕輕就熟的模式。內心想法的改變不是一蹴而就，而是一個長期的過程。但從這個案例中我們可以清楚地看到，在複雜問題中，合作比競爭和小團體迷思更能解決問題。而在複雜系統中，合作更十分必要。

在所有載客量大的線路中大力推廣改革的四個月後，準點率達到九十五%。而之前員工所有的不滿也變成徹底地支持，他們列舉了三個主要的理由：

- 客戶關係改善，因為員工現在對延誤情況能夠提供乘客專業的答覆。
- 增進了員工間的跨部門溝通，管理者成為橋梁，將員工連結在一起。
- 員工們都為打破準點率紀錄而驕傲。

想要走得快，就一個人走。想要走得遠，就一起走。

——印第安諺語

火車公司所選擇的方案首先展現出了透明性的重要性。公司要求合作，所以個體自身的錯誤、不足和不確定性都被透明化了。而在其中特別重要的是不要將它們與判定過錯和懲罰自動連結在一起，信任以及對錯誤的恰當處理方式是兩個必要的前提。最後我們會發現，在討論合作時，我們談論的其實並非過程，而是態度和看法，要改變它們一定會花費比改變行為方式更多的時間。

◆ 你是所有員工行為的指標，實踐你自己提出的要求，給員工充分的時間，讓他們積累新的合作經驗，接受保留意見和反對的聲音。

改變總是意味著克服慣性，這需要力量和時間，尤其當你處在一個充斥著競爭的環境中。相比之下，在過程、結構和目標領域阻止開展合作就顯得容易多了。

導致無法展開合作的狀況

- 將你團隊中的員工視為獨立的個體，阻礙團隊認同感的形成。
- 在團隊中確立許多不同的目標。
- 創建一種獎勵機制，讓員工集中精力追逐個人目標。
- 在描述責任時盡可能模糊，同時把它分配給不同的員工。
- 在涉及任務、資源和可支配時間等方面沒有劃出明確的界限。
- 鼓勵爭奪資源。

- 讓你的員工與組織的其他部門保持距離。
- 公開追究相關責任歸屬並加以懲罰。
- 阻止討論和交流意見。
- 一人決定所有事。

本章重點摘要

- 競爭只會有兩種結果贏家和輸家。
- 市場中的競爭是有意義的。
- 競爭不是進化，而是排擠的過程。
- 錯綜複雜的系統相互連結，不存在一個孤立的空間。
- 合作是關係網絡的基礎。
- 合作需要信任、透明性和討論。

陷阱9

必須有人發號施令

在家庭、組織或協會等環境中，你的地位如何？其實，階級無所不在。在大多數人眼裡，階級不僅司空見慣，也十分必要，有一個人「在上面」發號施令是理所當然的事。階級化的思維讓我們的組織形成階層，這樣人們馬上就可以知道什麼樣的人會帶來什麼樣的價值。在進行決策時，上級必然大過下級，下級被要求服從。這就可以理解，為什麼老闆和董事的辦公室總在大樓的高層。

我們認為階層很重要，它無所不在。所以，即便管理學文獻和討論課程中充斥著各種對管理者的荒唐比喻和比較，我們也絲毫不以為奇。

最常見的比較源於動物界。大部分的動物都以階級森嚴的群居方式生活，就像人一樣。為什麼要將我們與羊、狼或驢進行比較呢？很顯然，當一個人被比喻成狼的時候，他一定會感到受寵若驚。因為狼代表著力量、毅力和靈巧。但你是否知道，狼其實是群居動物？彼此之間相當親密，互相幫助，不會為了階級地位而爭鬥。只有在被囚禁時，才會在群體中為了地位而相爭，但你應該不願意把自己和組織之間想像成為囚禁關係吧。

想到狼，我們總會把食物鏈頂端的動物和居於高位的領導者聯繫在一起。反之，雞則會讓我們聯想到底層，並被歸為「順從自然階級」的典型代表。但是，如果把一群雞隔離在禁獵區，不久牠們就會開始通過相互啄擊對方的方式決出勝負，進而決定群體內的階級順序。和人們選擇副手一樣，雞群中也有「第二把交椅」，牠掌管著除了領頭雞之外所有的雞。人們總喜歡簡單明瞭，那就讓我們用這種方式來說說性格吧：牛、獅子、貓和鹿，你找到自己屬於哪一類嗎了？我來翻譯一下，牠們分別代表：冷漠、樂觀、易怒和多愁善感。這樣說你就可以理解了吧？現在再讓我們回到階級這個問題上來。

多年來我在團隊拓展中都用到了馬群，參與者首先要觀察馬群的表現。我的第一個問題是：「你認為誰是領頭馬？」回答通常大同小異，在這裡簡單歸納一下：「是後面那匹白色／棕色／彩色的馬，因為牠總在對其他的馬發號施令。」

這個答案又反映出了我們對團隊運轉根深蒂固的印象：一人指揮，其他人執行，階級就這樣存在著。事實上，如果我們把馬群的運作理念運用到自己的組織中，一定會大吃一驚。馬群中實施的是「母權制」，領頭的是一匹母馬，牠決定何時覓食、休憩、散步和逃跑。雖然外表並不顯眼，但卻擁有權力，能統御全體，比如防止年輕氣盛的馬肆無忌憚地胡鬧，決定馬匹之間的相處氛圍。

而馬群中的種馬常會讓我們聯想起小說《黑神駒》（*Black Beauty*）的主人公，在逃跑時會負責讓落後的馬匹加速，確保馬群的完整性。馬群保持著一種良好的運轉秩序，牠們誠實、心無偏見、不斤斤計較，總是全體在一起，因此能實現幾近「三六〇度全視角管理」。如果能把這種模式運用到我們的組織中，我會感到非常高興。

不僅只有馬、雞和狼能夠解決複雜的問題，其他動物亦然。比如蜂群採集花粉的路線解決了廣為人知的「旅行推銷員問題」（Traveling Salesman Problem，簡寫TSM）。牠們自身的導航系統能說明它們快速找到最短路徑。而巴西火蟻遇到的問題與此截然不同，牠們經常會遭遇洪水襲擊，但沒有關係，牠們會用下顎和足部緊緊鉤住彼此，在水中形成一個浮筏。這樣的動物還有很多，有趣的是在這些令人驚奇的故事中蜜蜂或螞蟻「公司」的組織形式，似乎並不在意階級這件事。

無論是螞蟻、牛、狼還是鹿，我們通過對動物的觀察在腦中構建自己的組織結構圖。它階級分明，秩序清晰。但遺憾的是我們沒有意識到，階級並不是構建組織的唯一形式。

階級——是鐵器風暴還是神聖統治？

自統治誕生，就有了階級。六千年前遊牧時期結束，人們便開始控制財產，這就是走向階層的第一步。人們用籬笆圈起牧群，拒絕其他人進入，必要時還會採用武力保護自己的「領地」。據說「階級」（Hierarchie）一詞最初的意義就與保護財產有關，意為「鐵器風暴」。「階級」還更多地被解釋為「神聖的統治」，它源於古希臘語中的「hierós」（神聖）和「arché」（初始）這兩個詞。實際上後一種解釋很可能源於第一種解釋。

只要是群體生活或工作的地方幾乎都可以發現有階級制度。像是古埃及階級社會體制中法老擁有至高無上的權力，決定政治走向，宣稱整個國家都是他的財產。在他之下是維齊爾（Vizier，階級最高的大臣）和大祭司。接下來是抄寫員和級別較低的行政官員。在天主教中，教宗作為「聖父」居於階級制度的最頂端，然後是各類神職人員，從上到下依次是：樞機主教、主教、教區主教、神父和執事等。

在德國聯邦國防軍中，我們也會提到士兵的軍銜。根據服役級別的提升，他們可以不斷獲得晉升的機會。在許多階級類型中，我們都發現了像是金字塔式的結構。無論是絕對主義體制、貴族專制、專制主義體制、君主制還是許多其他不同的統治類型，有一點是相通的，即其中都有權力的上下高低之分。即便在提到家庭的時候，一些人腦海中的反應還是一種階級化的模式：父親、母親和孩子。

我們也習慣於組織中的階級化結構。在實現企業目標的過程中，每個人分配到了與自己階級相匹配的工作，這同樣讓人覺得合情合理。想要瞭解一個組織，就先大致瀏覽一下目前的組織結構圖，它會告訴我們這是怎樣的一個組織，在做什麼，如何運轉，最起碼我們是這樣認為的。所有這些都屬於內化於我們思想之中的傳統理念，當然，傳統理念還有許多其他表現形式，將我們囿於這個模式中，不假思索地接納一切。

僵化階級思想的理念

- 隨著企業的發展，金字塔型結構不可避免。
- 在階級制度中衝突較少，且能更快解決。
- 金字塔型結構是快速決策的有力支持。

・沒有階級制度就無法下決策。
・階級制度提升效率。
・階級制度讓資訊流變得可控。
・任務和規則的標準化是有必要的，階級制度是最好的實現方式。
・人們需要清楚分明的任務和職責分配。
・缺少階級制度意味著混亂。

支援階級制度的理由可能還有很多。我們覺得，出於某種原因選擇階級制度的組織形式不僅有意義，而且是勢在必行。當然，我所接觸到的不少管理者並非一定對階級制度持理所當然的態度，但在充滿複雜性和變化性的環境中，他們想不出更好的方式。在我詳細介紹新的方式之前，我建議你可以反思一下現有的階級結構理念，無論是個人的，還是與組織相關的。在管理團隊和自我反思時，以下問題可以幫助你克服那些過時教條所帶來的消極影響。

反思固有理念

- 我們的哪些理念對團隊和組織中的所有人都有效？
- 從積極的方面而言，這些理念要達成哪些目標？
- 我們有沒有注意它是否已經達成了預期的目標？
- 哪些理念取得了良好的效果？
- 我們希望吸收哪些還沒有的理念？
- 要符合這些理念的要求，我們應該怎麼想，怎麼做？

或多或少——僵化的階級制度已經過時

二十世紀初，弗雷德里克．泰勒（Frederick Taylor）用科學管理理論揭開了階級控制的成功史。他希望藉由一種科學的方式優化工作和企業管理，同時實現雇主和員工的共同富裕。科學管理的基本理念如下：應當激勵那些有偷懶傾向的工人完成更多的工作。一旦工人的生產效率提升，企業盈利會隨之增加，而工人工資收入也將相應提高。

科學管理的基本思想

- 嚴格區分腦力和體力工作。管理者思考計畫，工人負責實踐。
- 工作的基礎是企業管理者訂定的相關規定。
- 工作盡可能被分割成小環節，以便能更精確地加以描述。
- 非專業人士也能完成工作。
- 金錢是獎勵手段，報酬與工作成效掛鉤。
- 通過研究花費的時間進行工作分析。

工人服從相關規定，就像機器零件要服從整體一樣。

——泰勒

基於泰勒的責任劃分原則，福特公司發展出了一套單線型管理模式

（參見 237 頁），將職責分配給不同的員工。這種做法縮短了資訊回饋管道，進而提升效率。無論是單線型還是多線型管理模式，從這時起，階級式的金字塔模式就成為最典型的組織模式，並一直延續到今天。在那時，企業希望借助這種階級制度實現生產和管理的可控性、系統性、精確性、可靠性、效率和穩定性。從當時所面臨的問題和市場角度而言，這種模式完全是一種成功的理念。但當我們用今天的視角來審視整個問題時，卻常常忘記了福特主義中的大規模生產遠不止組織原則這麼簡單。大規模生產商不只影響著市場，同時也影響著社會。如今，我們正處於後福特主義時代，市場高度分化，產品和服務不盡相同，這是一種全新的狀況。

◆ 泰勒和福特開啟了管理模式的新紀元，但他們的核心理念和思維方式在如今的企業中依然根深蒂固，甚至被視為「與時俱進」的。

但僵化的階級制度早已過時，因為：

・**已無法對變化做出恰當的反應。**這主要是因為資料洪流（或資訊洪流）。公司管理階層需要從所處環境或外部獲取關鍵資訊，從而做出決策。但是與環境的接觸並不僅限於管理階層，而是存在於組織的各個方面。比如客戶經理負責客戶聯絡，新聞發言人負責媒體交流，採購負責與供應商或合作商的溝通等。在階級制的組織中，關鍵資料必須由底層向上層傳遞，進而下決策，並對變化做出適當的反應。但在這裡可能會產生一個問題，或許對你而言也並不陌生：資料在被整理和豐富後，又被打包和篩選。這是因為管理者們不想閱讀冗長的資料，只希望看到最「有意義和必要」的資訊，另一方面，這些資料的提供者們希望通過掌控資料來實現更多的主動權，導致了決策者利用關鍵資訊做出決策需要過長的時間，最後看到的也只是被處理過的部分現實。

- **阻礙關係網絡的發展**。員工和部門的分化阻礙了團隊和部門之間的交流。每個團隊常常尋求內部認同感，並要求成員忠於團隊。一旦出現了不清楚的狀況或矛盾，關係網絡匱乏的弊端就浮出水面。員工們不會相互交流，而是根據階級制度，將「澄清與解決」的任務提交給了上級。這時，他們已經逐漸忘記了與同事們保持交流、探討觀點的重要性。不這樣做的後果就是狀況迅速朝著壞的方向發展，升級為「矛盾」。矛盾一級級地向上提交，直到有個部門能出面決策。之後，「上面的人」又開始批評這種推諉責任的做法，抱怨狀況的嚴重性。儘管如此，現實並不會有所改變，因為這種情況也為他們提供了一種控制的契機，讓人們感覺到資訊和領導者的重要性。

・**目標衝突早已埋下伏筆**。一個組織往往都會有一個共同的目標。但具體來看，市場部的年度目標與ＩＴ或財務部的是不同的。而專業部門和銷售部門也有各自不同的目標。或許一開始他們並不相互矛盾，但請你試想一下，部門和團隊主管他們追求的是什麼？當然是自己團隊的目標，因為它與報酬掛鉤。這就會快速導致部門之間的競爭局面，大家都絞盡腦汁，無論付出怎樣的代價，都要實現自己的目標。即便在承認目標衝突的前提下，要尋求合作也會消耗大量的時間和金錢。

・**近一步強化穀倉心態**。不盡相同的目標和達成目標的動機僵化了人們在各自領域內的思想和行為。在階級分明的企業中，各類專家都被綁在了相應的不同部門中，這就進一步僵化了穀倉心態，因為它將人們的注意力引導到了各自的專業領域，弱化了跨學科思考。如果各部門在一個專案中共同合作，那麼所謂的效率則會首先體現在資源和預算的爭奪上。

・**權利與關係網絡相悖**。關係網絡是複雜系統的一個重要特徵，儘管人們試圖在各類組織中阻止它的發展，但依舊存在。這種相悖源自何處？當關係網絡發展時，隨之而來的是權力流失。權力實質上就是對員工的掌控，而在複雜的組織中，無法發揮出作用，但是許多管理者依然不懈嘗試。基於「多多益善」的理念，他們強化控制，更嚴格地管理。所謂的「成功」卻通常表現為未能充分發掘潛能，只做分內的事，以及缺乏信任。管理者也是關係網絡的一部分，能對關係網絡發揮積極的影響，但卻沒有決定關係網絡狀況的權力。

・**知其然卻不知其所以然**。你幾乎可以在每一個組織的首頁上找到「關於我們」一欄，其中就有目前的組織結構圖。他們在這裡常會冠冕堂皇地宣布公司的共同目標，但這並不是事實。在組織結構中首先要安排好各種關係，如誰是誰的下屬，屬於哪個部門等，另外還要對各項任務進行分配。但組織結構圖所能提供的資訊也僅限於此，它並沒有告訴我們「系統」是如何運轉的。其中沒有明確體現但卻似乎更重要的一點是「為什麼」，也就是所謂的「所以然」。組織和員工的信念是什麼？它產生的原因是什麼？

> 世界上最艱難的分離就是與權力的分離。
>
> ——法國政治家，塔列朗（Charles Maurice de Talleyrand-Périgord）

你可能會想：「近幾十年來，我們一直在強調團隊合作、溝通能力和社會能力。」誠然，我們不希望員工像機器人一樣，一刻不停地做出成績，但這種態度背後的動機並不是自成目的的。儘管管理階層早就發現了階級制組織的弊端——不變性和資訊流失，但長期以來他們的應對措施也只是將一些決策權下放，而參與其中的員工必須重新調動已經被摒棄很久的個體主控權。

人們總是想盡一切辦法把人與公司連結，公司認同感這一理念應運而生。但問題是：我們希望更妥善運用員工的潛力，卻無法改變框架條件。組織沒變，結構沒變，員工們卻要做出更多承諾，提供想法，共同參與決策（至少是在名義上），互相合作，實現「真正」的溝通，這顯然是行不通的。一些公司雖然認識到了這一點，但也很難付諸實踐。

◆ 在階級系統中，個體的企業化思維無法發揮作用。

金字塔型階級組織的弊端在很長一段時間裡都被一再討論，思考和探討是否應該摒棄這種結構。在過去的幾十年中，世界已經發生了翻天覆地的變化。無論是關係網絡的緊密程度、複雜性和變化性都增加了。考慮到這一點，我們就會馬上明白，新的組織形式是必要的。

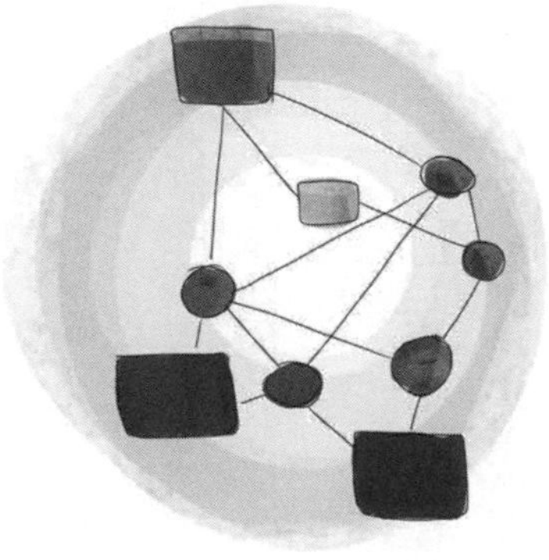

複雜系統是相互關聯的

成功的秘訣——放棄金字塔頂與核心控制

在提到日用品連鎖店時你會想到什麼呢？或許在腦海中會浮現「廉價」、「價格戰」或「工作環境」等關鍵字吧。可能你也在思考，德國日用品連鎖商是如何管理境內一千四百多家分店和三萬四千多名員工的。有人自認為深諳此道：「和傳統模式一樣，各分店需要訂定清晰的流程和目標，職責分明，以及相應的總部協調控制等。」如果控制是企業所要追求的最高目標，那麼的確可以這樣做。

但格茨．維爾納（Götz Werner）卻另闢蹊徑，還因此於二〇一四年九月獲得了德國創業大獎。一九七三年，他在卡爾斯魯爾（Karlsruhe）市中心創辦了第一家dm超市。獲得成功的原因主要是降價、自助式購物和簡潔的陳列。但據說，正是由於下面的這則小故事，才讓格茨．維爾納開始深入思考，並徹底改變了公司管理理念。九〇年代的某一天，他來到一家分店視察工作，在與分店經理交談時，他靠著的貨架倒了，下層的商品碎了一地。分店經理抱怨，這些貨架早就該修了，她曾向區域經理反應過，卻沒有回音。格茨．維爾納或許就在這一刻意識到了嚴格的階級制度所帶來的弊端，於是他便開始推動一場全面改革。

dm連鎖超市由此開始由核心控制型向分散控制型企業轉變。分店獲得了更多自主權，可以自主決定商品類型、安排工作和決定薪水。在一些分店，甚至由員工自己選出管理者，總部則會充分接受和落實分店的改進意見。在這裡，所謂的組織結構圖已經不復存在，dm的學徒被稱為「學習者」，他們會參加話劇表演工作坊，進一步提升自己的表達能力和自信心。

格茨．維爾納一改傳統以企業為中心的做法，將員工和顧客擺在核心位置。早在一九九四年，他就已經放棄行動銷售的手段，確保分店內所有商品價格在四個月內保持穩定。徹底改變經營路線，建立清楚的分散控制成效如何呢？dm公司運轉良好，將它的競爭者們遠遠地拋在後面。

管理意味著發現人們的需求，自主採取行動。

——格茨．維爾納

在眾多由於各種各樣的原因放棄階級控制的組織中，dm無疑是最知名的一個。分散控制是其中的關鍵，因此在這裡，人們經常會提到「網路化組織」這個概念。有人馬上就會提出，是不是階級制度在未來的組織中就不復存在了，我的答案是：不會再有那種通過組織結構圖直觀呈現的正式階級制度，但非正式的階級制度將一直存在。這裡我想再次重申，在我們所說的複雜環境中，自上而下的核心控制不再有效，但在一些部門、項目和任務中，核心控制還是有它的積極作用。

在每個團體中，領導者和包括非正式階級制度在內的非正式結構共同構成了團體動態過程的結果，相信你一定對「快速溝通管道」（shorter line of communication，編按：如員工意見箱、總經理信箱等。）不陌生吧，其實它也是大公司能順利做出決策並落實的有效方式。

◆ 尤其是對階級制度特別嚴格的組織而言，非正式結構才是能確保它有效運轉的方式。

作為正式結構的補充，非正式結構常包含了組織中缺乏的元素，但缺乏的原因與某種結構的深入程度無關。就像在不少國家都有的「老男孩俱樂部」一樣，許多非正式結構的團體相互連結成網路，但在這種關係網絡中的階級性並不少於其他的組織形式。那種認為網路化組織是以基層民主為主導的想法顯然是不正確的，組織結構圖可以被廢除，但階級性還將依然存在。

用關係網絡替代組織結構圖

美國加州的晨星（Moringstar）公司是一家中型番茄加工企業，主要將商品銷往超市和餐廳，擁有約四百名員工，農忙時員工數能達到兩千四百人。自從晨星公司改變了原有的金字塔型階級制度，推進自組織管理以來，效益就越來越好。公司不再有上級的概念，而是由員工們共同商定年度目標，將它轉換為具體數據。同樣，薪水也不再由總部決定，而是由員工自發選舉的委員會負責。在機器設備採購部門，確定投資必要性和金額大小是每一位員工的責任。員工們需要充分意識到自己共同承擔著責任，對支出、流程和邊界條件有充分的知情權。他們掌握著在普通公司只有管理者才掌握的一切，是企業共同的管理者。

管理是通過觀念，而非通過階級制度實現的。

——賈伯斯

晨星公司是網路化組織的代表，作家兼顧問尼爾斯．弗萊金（Niels Pflaeging）在他二〇一三年的書《適應複雜性的組織》（*Organize for Complexity*）中也引用過這個案例。他還在書中描繪了一種網路化組織的模型，即桃型模式。桃核代表組織的核心，環繞著它的則是週邊部分。簡而言之，處於週邊的各個團隊是唯一與市場保持直接聯繫的部分，也是關係網絡創造產值的途徑。在長期交流的過程中，它們的市場能力也隨之提升，進而實現新的產品創意和革新。週邊部分將核心部分與市場相隔，因為這裡是實踐想法和創新的地方，活力和專注度也同樣必不可少。

這時，誰又是組織的主導者呢？答案顯而易見——市場。核心不再發揮控制作用，而是作為支持協助作用。但這並不意味著核心只是週邊部分的執行機構，雙方應該共同探討可能的產品開發收益和問題解決方案。

在這裡至關重要的是桃型結構是以靈活的任務分配為基礎的。一名員工既可以在週邊部分的團隊裡研究創新方案，也可以在核心團隊中實踐這些方案。員工的角色並不是一成不變，它可以比如今更靈活。對弗萊金而言，在每個傳統金字塔型組織的內部都隱藏著一個桃型結構。它之所以無法發展，是因為階級制度仍在發揮著「主導作用」。

◆今天，所有組織都將由市場所主導。但仍有許多人試圖通過階級制度參與其中，共同掌控組織或施加反作用。

桃型模式最典型的特徵就是權力下放，它是網路化組織的支點和關鍵所在。除了dm和晨星公司之外，不少其他企業也向我們展示了這種「新的組織形式」。在網上你可以找到大量網路化公司的案例，比如汽車製造商Local Motors、管理和策略諮詢公司Partake、機械製造公司Semco S/A、助聽器公司Oticon以及豐田等。

面對日益增長的複雜性，許多企業不敢改變組織管理方式並不是因為經驗不足，而是不願分權。再者，這一轉變本身也是一項高度複雜的任務，無法用普通方法解決，只能根據每個組織的實際情境具體分析。但有一些初始步驟卻是大同小異的，例舉如下。

建立網絡化組織的初始步驟

- 請你回答如下問題：「我們真的想要這樣做嗎？」
- 允許關係網絡的形成，並在管理中就此問題展開討論。
- 實現資訊透明化，讓員工適應「管理視角」。
- 進行員工自我管理培訓，因為他們或許已經忘記如何做，或從來沒有接觸過這塊內容。
- 在某個部門進行試點，讓員工能夠自主工作。
- 學會用觀點或行動的方式而非藉由權力產生影響。你的觀點或行動必須能發揮重要的作用，並能在團隊中引起共鳴。

本章重點摘要

- 作為一種組織管理模式，金字塔型階級制度對我們而言再熟悉不過了。
- 核心控制作為一種追求效率的工具，誕生於工業時代。
- 核心控制不是應對複雜性的合適方案。
- 金字塔型階級制度對創新和創造產值有阻礙作用。
- 關係網絡意味著權力的流失。
- 網路化組織能夠應對複雜性。

應對複雜性

四六三六任務

二〇一〇年一月十二日，海地（Haiti）首都太子港（Port-au-Prince）市周圍發生地震，造成了海地歷史上最嚴重的自然災害。災後情況混亂，我們無法給出可靠的損失資料，只能大致估算。據不完全統計，災難大約造成了三十一萬六千人喪生，三十萬人受傷，超過一百萬人流離失所。太子港市內和周邊地區的基礎設施破壞極為嚴重，七十%～八十%的緊急呼救系統中斷，只有一些無線通訊站還能維持工作，或能在維修後快速恢復工作。救援的首要目標是發現救援傷患和被掩埋的災民。但是，尤其在農村地區如何找到這些傷患呢？

海地災難後，引發全球關注，啟動了數個救援專案，在幾天之內集結成「四六三六任務」，並因此拯救了無數人的生命，這次前所未有的成功與群眾外包（crowdsourcing）的方式密不可分。

免費簡訊號碼四六三六

喬西・內斯比特（Josh Nesbit）當時在非政府組織 FrontlineSMS 工

作。他當即意識到資訊管道對於挽救海地人生命的重要性，因此便找到了一種利用廣播和電話與人建立資訊聯絡的方式。他不僅與美國外交部取得聯絡，同時也在 Twitter 和 Facebook 等社交媒體上集思廣益。一名來自喀麥隆（Cameroon）的粉絲建議，可以與海地最大的電信運營商 Digicel 的 IP 負責人取得聯絡。於是內斯比特迅速採取了行動，在與 Digicel 合作約四十八小時之後就開通了四六三六免費專用簡訊號碼。

現在，要將資訊傳達到人們的手中，就需要及時處理和傳送簡訊。因此，InSTEDD 組織成員趕到海地，建立了一個技術設施平臺。一年前，受湯瑪斯．路透（Thomson Reuters）基金會委託，他們就開始著手研發緊急資訊平臺。這個平臺一開始是為了方便記者和災民之間的聯絡而設計的，現在也被用作救援工具。

簡訊號碼和平臺的正常使用離不開一種「傳統技術」，即廣播。通過廣播，人們不僅可以獲得關於醫院、飲用水和食物點的資訊，還能瞭解到四六三六免費號碼。資訊的迅速傳播也提升了號碼的使用率，高峰時段發送處理的簡訊達到了每小時五千則之多，遠遠高出了僅通過位元組流傳輸的方式。

彌補語言差異

要深入地處理這些簡訊，就要分類整理。這時，喬西．內斯比特請來電腦語言學家羅伯特．芒羅（Rob Munro），他在馬拉威也曾遇到過類似情況。在任務過程中，芒羅成為主要協調者，並啟動了許多小專案。他認為其中的一個關鍵問題就是海地人的語言。在國際救援隊中，英語是主要使用的語言，只有少數人會說克里奧爾語（Creole）或法語。於是他開始在 Facebook 上尋找海地內外的翻譯。在很短的時間裡，芒羅就找到了多組志願者。共有來自世界各地的約兩千名翻譯參加到了這項任務中。

風險地圖

波士頓塔夫斯大學（Tufts University）的學生們在四六三六任務中以群眾外包的形式展開了構建「風險地圖」的專案，最初是以相對獨立的方式進行。為了運用地理資料構建受災地區的風險地圖，他們使用了非政府組織 Ushahidi 的平臺，同時將 Google 衛星照片與 Facebook 和 Twitter 上的資訊相結合。其實這個平臺起初是為了非洲而研發，但由於能將簡訊平臺與翻譯平臺結合在一起，它在海地救援中發揮了關鍵性的作用。在最初的十天，四六三六任務和 Ushahidi 組織的核心工作就是尋找和救援地震災民。後來借助該平臺，災民食品和藥物的補給效率提升了十倍。

上述三個專案在整個任務中彼此聯繫，又與救援機構密切相關。有關於四六三六任務的簡訊、博客及推文都被集中儲存整理，必要時被翻譯成英語，同時添加或修改相應的地理資料。這種方式說明形成了統一的資訊管道，人們可以清楚地瞭解在何時何地需要何種援助。援助機構同樣可以隨時查看這些資訊，並採取相應的行動，如採取或協調救助措施、尋找失蹤人員、提供食物、確保醫療供給等。我們很難找到四六三六任務成功救援難民的具體數值，但它的成功是毋庸置疑的。

那麼，這項任務成功的基本因素有哪些呢？首先，人們必須確定，大任務的底下有數個獨立的項目，它們都以群眾外包的形式來承擔費用，沒有核心控制或協調。參與每項任務中的各個團體有很強的專業性，彼此之間密切相關。而參與者之間的聯繫則較為鬆散，可以相互取長補短。任務由鬆散的關係相連結，很快形成了密切的關係。能夠在短時間內彼此信任，也是因為它是由志願者構成，不存在一個正式權威。參與者可以充分施展他的才能，提供知識和關係網絡，為成功貢獻自己的一份力量。

社會關係網絡中密切或鬆散的關係

人與人之間關係的形成是由於共同經歷、情感共鳴或相互幫助，之後可以分化成密切、鬆散或沒有關係這幾種。對一個運轉良好的關係網絡而言，密切和鬆散的關係都是必要的。彼此瞭解的人之間通常關係密切。但在一個團隊中，他們會傾向與環境相「隔離」。而鬆散的關係則讓資訊能夠迅速傳遞，有時還能帶來當下欠缺的資源和能力。

從羅伯特．芒羅等領導者身上我們看到了任務成功的必要條件：堅持不懈，遇到困難從不放棄。他們不斷鞏固積極的做法和措施，對成功或失敗做出迅速直接的回饋，讓每個人都明白，自己在任務中是至關重要的。

現在讓我們來簡單回顧一下案例中表現出複雜性的關鍵點。

自組織：在四六三六任務中，構思、計畫和執行都不是由一個核心部門或所謂的「英雄」來實現。在不同的領域同時進行著多個獨立於彼此的專案，並逐漸隨著人員、專案和組織的相互連絡形成共同的任務。雖然有領導者和發起人進行決策，推動措施的執行，但他們並沒有帶著控制管理的目的。

因素的繁雜：四六三六任務的誕生源自海地內外無數的人和專案，比如災民、急救機構、醫院、供水機構、波士頓大學生團隊和各類非政府機構等。由於一場自然災害，彼此之間或多或少都有了深入的交流和聯繫。

不可預見性：對於類似於海地地震這種自然災害，我們已經不能用錯綜複雜來形容了，而應該稱之為混亂，這深深地影響了四六三六任務，因為整個任務既不透明，也無法預測。由各類個體專案所構成的自組織又增加了任務的不可預見性，隨著時間的推進，任務「模式」才會逐漸顯現。

多樣性：短短幾天內，任務的複雜程度迅速升高。這並不是由於許多人來共同做一件事，而是因為他們根據任務要求，發揮各自的能力和特長做出相應的反應。任務中沒有核心部門在分派角色和任務，系統在進行自我組織。

回饋：許多參與任務的領導者都會向他們的合作夥伴和其他參與者提供相關的資訊回饋。在海地，無論是關於成功、失敗、新的要求、技術條件、問題還是錯誤，所有參與者也都會向合作夥伴和領導者彙報。

限制：海地災民所「帶來的」一個限制條件是語言。大部分的海地人說克里奧爾語，而國際救援機構的通用語言是英語。為解決這個問題，四六三六任務招募了翻譯，很好地展示限制和系統之間的相互關係。

系統變化性：四六三六任務系統中也存在著變化性。起初，各個專案都有各自獨立的目標，如通知災民或構建風險地圖等。但他們完成這些目標都是為了實現一個更高的共同目標，即盡可能更好地幫助海地度過災難。而這個共同的目標進一步鞏固了各個獨立目標，也讓獨立目標在必要時也能夠從屬於共同目標。人們嘗試著加以利用各種副作用和限制，而不是維護各自的觀點和看法。四六三六任務向我們展示了，如何利用系統的變化性實現成功。這是許多組織能夠且應該學習的關鍵。

當然，這個任務不是完美無缺，也有失誤，如對一些問題沒有深入考慮，以及關係網絡性形成得太晚等。雖然它有許多值得改進的地方，但它的確是一次涵蓋了約五十個國家，罕見的全球性項目。有時我也會思考，假如人們用傳統的方式計畫和管理四六三六任務，那麼它又將會在怎樣的時間發揮出怎樣的作用呢？

作為網路化組織的成功案例，四六三六任務不是通過嚴格的管理，而是以自組織的形式產生的。當然，你無法原原本本地將它運用到你的組織中，因為情境各不相同。

或許沒有機會重新構建你的組織，因為它早已存在。但在現存組織中應對複雜性是完全可能的，沒有例外。我們無法從四六三六任務中得出具體方法，但是卻能從中得到不少應對複雜系統的好思路。接下來我將再次總結前九章的各類要點和看法，即在應對複雜性時應該做和不該做的事。

你應該停止做以下這些事

將成功歸因於某種方式：在取得成功後將原因歸結於好的方法和系統的管理，這樣做是不正確的。在錯綜複雜的情境中，成功的要素並不只有一種或幾種。為了變得更好，我們常常有很大的決心去改變管理工具和方法，有時甚至準備從外部引進專家，告訴我們下一步該如何去做。但我們真正應該做的，是對自己的管理哲學進行反思。有人會認為：「改變可以，但不要改變我。」你對此有何看法呢？

將系統做為藉口：和「複雜性」一樣，「系統」這個概念我們也並不陌生。一旦出現了問題，許多人就會說：「這是系統的原因。」言下之意是：「我也無能為力。」這種看法很容易導致無所作為或模式的僵化。要改變這種狀況，就要明白，「系統」與「我們」並不是相互對立的。我們也是系統的一部分，受到它的影響，同時反作用於它。因此我們不應繼續推卸責任，而應充分意識到自身的可能性。

只採用線性思維：在錯綜複雜的情境中，將未來視為過去的一種推斷並不是恰當的方式。我們在計畫時，往往喜歡基於過去做出預測，並將它擴展為對未來的補充性假設。對於簡單或複雜的系統而言，這樣做是沒有問題的。但在複雜系統中，管理應該基於當下。決策的提出、檢驗、校對和修改是在許多短週期內進行的。

將環境劃分為軟因素和硬因素：軟因素和硬因素的區別被過分誇大了。在許多組織中，這兩者被用來定義兩種不同的基本行為方式，也構成了管理的兩大支柱。在每次變革中，它們都被區別使用。在諸如決策研究和需求管理中，人們往往會採用「硬性」方式。有人希望通過改變結構或過程取得成功，但往往最後的結果也僅僅停留在結構或過程改變的層面，並沒有帶來預期的成功。而在涉及改善人際關係或情感「管理」時，我們通常會採用「軟性」方式，根據「所有人都要相親相愛的原則」，採取讓人「感覺良好」的措施。但無論是「軟性」方式還是「硬性」方式都阻礙了合作和討論，將它們分割運用不利於複雜環境中目標的實現。

將計畫作為一切的標準：我們必須放棄對未來進行長期的計畫和預測。但有人常會反駁說：「專案和策略的確需要進行安排。」安排當然是必要的，但它不是線性的、提前規劃的一條路。複雜系統中的規劃週期是短暫且互動式的，只有這樣才能對不斷變化的條件做出反應。此外，在我們規劃未來時，盡可能將它放到長遠的範圍中思考，因為今天的一小步所產生的巨大影響可能要在後天才能得以體現。

侷限於個體獨立的目標：只有在處於複雜情境中時，我們才會傾向於這種做法。如今，我所瞭解的各類組織在實現既定目標的過程中幾乎都會運用指數、計分卡或獎勵策略等方式。這就導致了相關責任人為了達成自己的目標，只將精力集中於其中某一個方面，進而造成穀倉心態和行為僵化。然而在複雜情境中，合作和即興創意仍非常必要，一味強調原則，它們將無法發揮作用。

將問題與症狀相提並論：我們必須認識到，問題和症狀是兩回事。比如專案報告沒有準時提交，A部門與B部門之間幾乎不溝通，或者儘管市場條件具備，銷售團隊還是沒能達到這一季度的銷售目標等，這些都是我們容易弄混症狀、問題或原因的一些代表性的情況。不要只是一味地「改善」這些症狀，應從系統的宏觀層面來看待這個問題。

陷入盲目的行為主義：如果盲目的行為主義帶來了成功，那麼它純屬運氣。身處複雜情境的管理者很容易走入行為主義的誤區，人們總是很難忍受「無所作為」的狀況，尤其在周遭混亂的情況下更是如此。但這時真正重要的是對系統的瞭解，我們需要學會理解和觀察系統，發現其中的模式，這樣之後的決策才能有堅實的立足點。「做的越多越好」的理論在複雜系統中並不適用。

「英雄」崇拜：應該放棄所謂的「英雄理論」，我們太常把成功的理由簡單歸結為管理者的功勞，也常會認為管理者的才能是與生俱來的。但是在複雜系統中，管理者並非其核心關鍵，他只是系統的一部分。和線性因果關係一樣，將他的個人能力作為成功或失敗的理由也是不正確的。

> 問題本身不是問題，你對問題的看法才是問題。
>
> ——傑克船長（譯注：電影《神鬼奇航》〔*Pirates of the Caribbean*〕主角）

你應該這樣做

用複雜的方式行動和思考：我們必須學會運用複雜性應對複雜問題。以往常見的做法常遵循一定的模式化規則：如一、提出問題；二、找到責任歸屬和過錯原因；三、責令其解決問題。一旦我們發現這個問題對個人而言過於龐大，就會增加解決問題的力量，如此循環往復。但這個線性化的解決方案在錯綜複雜情境中的確發揮不了多大作用。我們首先要做的是認識和理解問題的複雜性，並思考以下這些問題：參與方有哪些？系統是什麼？變化性導致了哪些相互作用？要給出複雜的應對方式，合作是不可或缺的。只有通過合作才能形成新的觀點、變革和進化。管理的第一要務在於為合作營造合適的環境。

瞭解模式：我們必須學會去瞭解模式，這就要借助於觀察團隊以及它們之間的互動。假如我們僅僅將目光集中於員工、同事或領導者個體，就很容易忽視整體系統。模式產生於相互連結或互不合作的人群。簡單地觀察可以幫助我們發現其中的關係網絡模式。同時必須將它和任務相連結，因為實現目標才是關鍵。瞭解「真正」的關係網絡是管理中最重要的任務之一。

轉換管理視角：我們必須學會整體思考和管理。僅觀察單個因素很容易以管窺天，失去全域視角。但如果我們只從宏觀層面觀察，同樣也難以應對複雜性。因此，我們同時需要這兩種視角，通過經常在它們之間的來回切換能夠發現哪些方面和因素對系統有著關鍵性作用。我們不應該孤立地看待兩者，而應該將它們視為一個整體，並觀察它們之間的連結。

創造良好的框架條件並作為表率：我們必須學會如何更好地帶領員工，讓他們展現出應對複雜的行為能力。如果我們總是用墨守成規的方式來引導員工（比如告訴他們「我們一直是這樣做的」），長久以後將無法找到複雜問題的解決方式。有一點尤為重要：不要輕易否認任何一位員工的做法。營造一個合適的環境，激發員工潛力是管理的重要任務。沒有相互信任和開誠布公就沒有合作，因此我們必須塑造良好的框架條件。

做出假設：我們必須學會基於假設展開工作。假設和事實之間有著天壤之別。假設是一種猜想，可以隨時被調整、摒棄或修改。事實是一種對「它是什麼」的（主觀）描述，包括原因和影響等。相比假設（「我們猜測，當前狀況是這樣」），在管理中我們常把重點放在對事實的處理上（「當前事實就是這樣」）。複雜系統無法預測，也無法完全掌握，因此強化對假設的靈活運用，為未來發展盡可能找到好的方案是非常有意義的。

重視差異性：我們必須學會使用多視角和區別化的方式進行管理。一個對於環境、問題和狀況而言沒有唯一正確的視角。往往只有在回顧時通過不同的視角進行觀察，才能從中總結出錯綜複雜的事實。在這個過程中，與視角相關的能力、專業領域和觀點都應該盡可能不同。不同的團隊是形成錯綜複雜解決方案的基本條件，但僅僅具備這些不同的類型和能力還是不夠的。作為管理者必須允許多樣性的存在，增加討論和差異性。

事情可能會如何發展？：我們必須訓練在情境中進行思考。一旦訂定了年度計畫、產品研發計畫或專案計畫，那麼未來也就同時被描述了出來。人們常把它視為事實，用風險管理的方法來處理通往這個藍圖路上的障礙。但未來無法預估，也並非恆久不變，因此我們應該開始嘗試在情境中推進各項工作。未來還有可能是怎樣的？在（計畫的）未來藍圖中，還有哪些是關鍵因素？哪些因素將變得不那麼重要？未來「最糟糕」和「最美好」的情況可能是怎樣？在考慮這些問題的過程中，能夠拓寬思路，就各種不同情境思考不同的解決方案，這也增加了行動方案的備選，至少在框架條件改變時，你已提前考量了這些狀況。

總結：我們必須學會在情境中管理。沒有一本功能表式的書籍教你如何應對複雜性，其原因之一就是情境。應當具體觀察每個症狀、問題、情況和任務各自的關係。曾經適用或在其他狀況下適用的方法，如今並不一定能夠帶來成功。個體的行為也只有在具體情境中才有意義。不要依賴於快速判斷和放之四海而皆準的方法，因為複雜性總是意味著相互連結。

就個人而言，擁有以下美德可以更輕鬆有效地應對複雜性：

- **勇氣**：敢於嘗試新鮮事物，敢於犯錯。
- **堅持**：成效往往要到後來才顯現。
- **放開權力**：允許自組織和關係網絡的形成。
- **對不確定性的容忍度**。
- **自我反思、自我反思、自我反思……**

複雜性的應對方案

那麼，應該如何稱呼這種能夠成功應對複雜性的管理模式？新的事物需要一個名字，我把它稱作「整體管理」，強調它的整體性。這種管理著眼於系統全域，而不是將它視為各部分的組合。同時，整體管理也不會忽略局部，而是從另一個角度將它同時考慮在內。一個系統總是以整體的形式運轉，不能將它單純總結或概括為各部分的總和。整體管理並非一種新的管理形式或方法，我更傾向於將它理解為一整套的態度和能力。現在你已讀完了全書，因此我簡單總結一下這個概念。

整體管理

- 觀察相互之間的關聯。
- 同時從微觀和宏觀層面開展工作。
- 變化觀察的層次級別，從中選出合適的部分。
- 轉換觀察的視角，在思考時轉換角色。
- 為所有參與方營造完整的透明性。
- 讓改變成為可能。
- 不斷在結構和靈活性之間找到平衡。

在書的最後，希望你對複雜性已經有了自己的理解，並能不斷補充和完善你的所得。願你能走出陷阱，將有價值的想法運用於領導者或管理者工作中。最後還有一個問題：我們是否真的需要一種新的管理模式？我的答案簡單明瞭：是的。這是因為普遍運用的方法已不再奏效，我們的思維方式已不適用於錯綜複雜的情境，也是因為我們當前面對的也已經不再是幾十年前的問題。但有一點是肯定的：世界已經發生了改變，現在輪到我們了！

所以，祝你成功！

附錄

術語表

適應性（adaptation）：
在進化論中，這個概念指的是生物體對周邊環境的適應能力。適應讓它改變了自己的特徵和行為方式，以達到生存的目的。

適應性系統（adaptive system）：
能夠在保持自身完整性的情況下對干擾因素和改變做出反應。它反應靈活，能適應變化的條件，卻不改變自己的目標和結果導向，具有學習能力。

敏捷方法（agile methodology）：

最初（主要）產生於軟體發展行業，但「敏捷理念」也逐漸在ＩＴ之外的領域中廣為運用。Scrum 是其中最為普遍的代表形式。但各種不同的敏捷方法共同點在於改變了傳統線性規劃和普通角色分配理念。

（社會關係網路中的）關係（bonds（in social networks））：

在社會關係網路中，參與方之間存在著密切或鬆散的關係。如果彼此瞭解或有共同的經驗，就會形成密切的關係。而關係鬆散的人只是通過關係網絡認識彼此，或由於共同的利益連結在一起。但這兩種形式都是相當重要的。密切關係的重要性在於它的親近和信任，而鬆散關係則能夠讓我們在必要時迅速行動，讓他人的密切關係發揮作用。

混亂（chaos）：

在混亂情境中沒有一個明確的因果關係，即便在回顧時亦無法發現。要在混亂中重新建立系統穩定性，管理者的魅力和領導力不可或缺。

複雜性（complexity）：

本書中，複雜性的定義與相關因素（參與方）的數量以及它們彼此之間的相互作用有關，複雜程度取決於這兩者的多寡。參與方越多，關係網絡越密切，複雜程度也隨之提升。

難於處理（complicated）：

困難情境是以明確的因果關係為特徵，是可以預估的，對此人們可以給出多個合適的解決方案。困難情境是專家們擅長的領域，因為問題可以通過分析得以解決。

確認偏誤（confirmation bias）：

在面對新的資訊時，我們往往會尋找能證實自己既有觀念的資訊，並且無意識地忽略了有悖於我們期望的資訊。

限制（constraints）：

錯綜複雜的系統也在一定框架內運轉，也會受到限制。限制作用於系統，同時系統也反作用於限制。像是組織中的潛在規則就是一種限制。

多樣性（diversity）：

在複雜系統中，多樣性是必不可少的。各種不同的能力、意見、觀點和知識會形成討論和干擾，這也是產生革新、找尋新觀點和方案的前提。

變化性（dynamic）：

系統中的關係網絡會導致持續性的變化和時間上的壓力，這些因素之間的相互作用推動了系統不斷發展，並不會停止變化。

擴展適應（exaptation）：

源於用途的改變，而非只是完善現有的用途。比如人們認為，鳥類的羽毛最初「只有」調節溫度的作用。後來鳥類開始揮動它們的翅膀，這就是擴展適應的體現，最終這種擴展適應發展為真正的飛翔。

故障—安全（fail-safe）：

在故障—安全方案中，系統以（設想中的）故障防禦為基礎。在發生錯誤的情況下，應該要保持所有功能和目標的完善。在這種模式下，如今許多組織和專案都採用錯誤零容忍的管理方法，因為我們自認為已經考慮和避免了所有狀況。這一點也在錯綜複雜情境方案的「檢驗」過程中得到展現，因為我們的思維依然是線性的，試圖尋找的也是成功性最高的方案。

回饋（feedback）：

是複雜系統的核心調控機制。領導者或管理者要成功採取行動，就要在專業、流程、人際關係和組織等各個層面建立回饋機制。

福特主義（fordism）：

亨利·福特是通過生產分工、績效協議和薪資激勵等方式實現大規模生產的著名「實踐者」。他將泰勒的科學管理理論運用於汽車生產，不僅使生產和銷售額最大化，也對當時的社會發展產生了影響。

團體迷思（groupthink）：

在團體中，我們會傾向於讓自己的觀點與（被期待的）團體觀點相符合，這就會導致團體決策不如有能力的個人做出的決策。

啟發法（heuristics）：

我們往往會在時間壓力下借助有限的資訊工作，這時就需要借助闡述和推測來進行決策。

整體管理（holistic management）：

以下幾點對此方法而言至關重要：

- 系統化的思維和管理。
- 時刻注意系統的微觀和宏觀層面。
- 系統中的員工能夠發揮出他們的潛能。
- 可以改變。

整體管理包含的是對人和組織（及其目標）的一種態度。它源自尊重、勇氣、好奇心以及對學習和嘗試的興趣和熱情。

資訊（information）：

資訊由資料構成，只有當它被相關接收者理解時，才成為資訊。

資訊匱乏（information deflict）：

複雜系統中，領導者和管理者的普遍問題是主觀上感到資訊匱乏，這通常是因為資料過剩但缺乏關鍵資訊。

關係網絡（interconnectedness）：

系統中相互作用的參與方構成了關係網絡。

互相依存性（interdependence）：

系統各參與方之間相互依賴。瞭解系統中有哪些部分、若是除掉某部分會產生什麼影響是相當重要的。

控制信念（locus of control）：

擁有控制信念代表相信自己能夠控制某種事物（如某種情況、某個團隊等），與自我效能皆為採取行動的重要動力。但一旦當我們感到「無法控制」某事，通常就會無所作為。

網路化組織（network organization）：

特徵是各參與方自主行動，又因共同的目標而彼此密切連結。管理的重點在於系統內的相互作用，而非個體上。

非線性關係（non-linearity）：

最典型的例子就是蝴蝶效應。「巴西的蝴蝶揮動翅膀是否會引起墨西哥的龍捲風」這個問題說明了系統中初始條件的極小偏差經過一段時間都可能會產生巨大的效應。

不透明性（non-transparency）：

我們無法完全掌握複雜系統中的各個部分及它們的相互作用網路，只能觀察到其中的一部分，因此系統中的許多部分對我們而言是無法理解的，表現為不透明性。

客觀（objectivity）：

是一種謬論。每個資訊、每種認識都受到了我們個人經驗、知識、觀念和期待的影響。

秩序（order）：

在複雜系統中，模式產生並存在於相互作用，並最終通過潛在的限制條件形成了秩序。

關鍵性（relevance）：

每位領導者和管理者都應經常引導他人和自己思考關於資訊、行為的意義等問題。我們原本很擅長發現關鍵性，卻常將它埋沒於龐大資料中。

安全—故障（safe-fail）：

安全—故障模式的出發點是錯誤不可能避免，核心觀念在於：「意外不可避免」。複雜情境中的試驗法意味著我們必須要經歷一些失敗，才能發現它的邊界所在。

Scrum：

是一種源自系統開發領域的流程框架。它並不定義某一種行為模式，只規定角色、活動、工具或文件等，其目標是盡可能地提高工作的靈活度。多次短期反覆運算、經常性的資訊回饋與大量討論確保了系統能對條件的變化做出迅速反應。

自組織（self-organization）：

每一個複雜系統都是一個自組織，但自組織和外部組織並不是對立的。複雜系統會自發改變結構，形成新的模式，與外界影響無關。對管理者而言，在複雜系統中最為重要的就是紀律和一系列合適的規則。一定的限制（一系列規則）和行為之間相互決定。一個社會系統要取得成功，紀律在限制方面發揮的作用不可或缺。

自我效能（self-efficacy）：

當我們自認為能在某個情境中取得相應成績，就有了自我效能期待。我們更傾向於參與確信自己能發揮出作用的事。

層次級別（scaling）：
在複雜系統中，將「合適的」部分和不同的層面連結在一起考慮是十分重要的。個體的思維和行為只有從整體來看才是有意義的。

簡單（simple）：
在簡單情境中，因果關係清楚明瞭，具有可重複性和透明性。

穩定性（stability）：
每個系統都有達到穩定狀態的傾向，在經歷干擾和改變之後同樣如此。每個管理者和領導者都應該注意（短暫）穩定的狀態和干擾之間的真正平衡。不穩定的狀態可以促成改變，是創造力形成的基礎。

系統（system）：
系統是一個「整體」，它的參與方在任務和目標上相連結，彼此融合，並構成了關係網絡。在每個組織中都有許多個邊界不同的系統。邊界定義了哪些屬於「系統之中」，哪些屬於「系統之外」。我們在這本書中經常提到一種開放式系統，總在與環境產生著交流和聯繫（如資訊和資源等）。

系統變化性（system dynamics）：

關係網絡和變化性確保了複雜系統不斷向前發展和變化。我們只有通過變化性才能認識和瞭解一個系統。它是彼此間的相互作用而非簡單的因果關係鏈。

泰勒主義（taylorism）：

弗雷德里克·泰勒在他的科學管理理論中闡述了工作流程管理，提升效率是其最高目標。為了實現目標，他詳細規定了工作步驟和時間限制，確定了單向交流和嚴格控制的模式。

檢驗（testing）：

檢驗或試驗法是錯綜複雜情景中的決策機制。當無法預測系統行為的狀況時，我們就必須檢驗在哪些因素的作用下能夠實現想要達成的結果。

以牙還牙策略（tit for tat）：

「以其人之道，還治其人之身」的策略源自博弈論。它展示了如何在利己行為能夠帶來短期利益的情況下實現合作。

不可預見性（unpredictability）：

複雜系統是非線性的。這意味著一個小小的行動隨著時間的推移可能會產生重大的影響。因此，要對這類系統做出預測是不可能的。只有在對事件進行回顧時，我們通常才能描繪出系統中的因果聯係。

國家圖書館出版品預行編目（CIP）資料

複雜應變力：擺脫九大決策陷阱，改變思維，刷新管理與領導模式 / 史蒂芬妮 ・ 伯格特 (Stephanie Borgert) 著 ; 壽雯超譯 . 初版 . 臺北市 : 日出出版 : 大雁文化發行 ,2019.10
328 面 ;14.8x20.9 公分
譯自 : Die Irrtümer der Komplexität: Warum wir ein neues Management brauchen
ISBN 978-626-7382-28-8(平裝)

1. 領導者 2. 決策管理 3. 企業領導

494.21 108016585

複雜應變力(二版)
擺脫九大決策陷阱，改變思維，刷新管理與領導模式

Die Irrtümer der Komplexität: Warum wir ein neues Management brauchen

by Stephanie Borgert

Published in its Original Edition with the title
Die Irrtümer der Komplexität: Warum wir ein neues Management brauchen
Author: Stephanie Borgert
Author: Stephanie Borgert
By GABAL Verlag GmbH
The Traditional Chinese translation rights arranged through ZONESBRIDGECO., LTD.
Email: info@zonesbridge.com

作　　者　史蒂芬妮・伯格特（Stephanie Borgert）
譯　　者　壽雯超
責任編輯　李明瑾
協力編輯　邱怡慈
封面設計　張　巖
發 行 人　蘇拾平
總 編 輯　蘇拾平
編輯統籌　于芝峰
副總編輯　王辰元
資深主編　夏于翔
主　　編　李明瑾
行　　銷　廖倚萱
業　　務　王綬晨、邱紹溢、劉文雅
出　　版　日出出版
發　　行　大雁出版基地
　　　　　地址：新北市新店區北新路三段207-3號5樓
　　　　　電話：(02)8913-1005　傳真：(02)8913-1056
　　　　　劃撥帳號：19983379 戶名：大雁文化事業股份有限公司
二版一刷　2023年12月
定　　價　460 元

I S B N　978-626-7382-28-8